中国建筑设计研究院设计与研究丛书

国家网球馆

National Tennis Center

中国建筑工业出版社

China Architecture & Building Press

谨以此书献给中国网球公开赛举办八周年

This book is dedicated to the 8th annivesary of China Open

国人对网球运动的热情近来被推到了前所未有的高度，

中网赛事也自然备受关注。

随着时间的推移，中国网球公开赛升级成为

继法网、美网、澳网、温网之后的世界第五大网球公开赛。

原有的光彩体育馆已经不能满足其高水平的需求了，

为进入北京体育舞台的中心，中网比赛的主赛场移师莲花球场。

近些年，由于国际网球几大赛事的比赛多次受到雨的干扰，

对电视转播产生了不利影响。

在温网的主赛场增加了开启屋盖后，中网主办方也考虑在主场馆增加开启屋盖。

各方面专家经过对莲花球场的认真论证，

发现由于原有场馆在座椅数量、包房数量、包厢数量

以及原有设计预留等方面存在诸多局限，

在该场馆基础上进行屋面改造不能完全满足中网比赛的要求，

因此确定新建一个带开启屋盖、可以容纳1.5万座的主场馆。

温布尔登网球公开赛
Wimbledon Championships
Since 1877

中央和壹号球场
Centre Court and No. 1 Court
Since 1922

阿瑟·阿什球场
Arthur Ashe Stadium
Since 1997

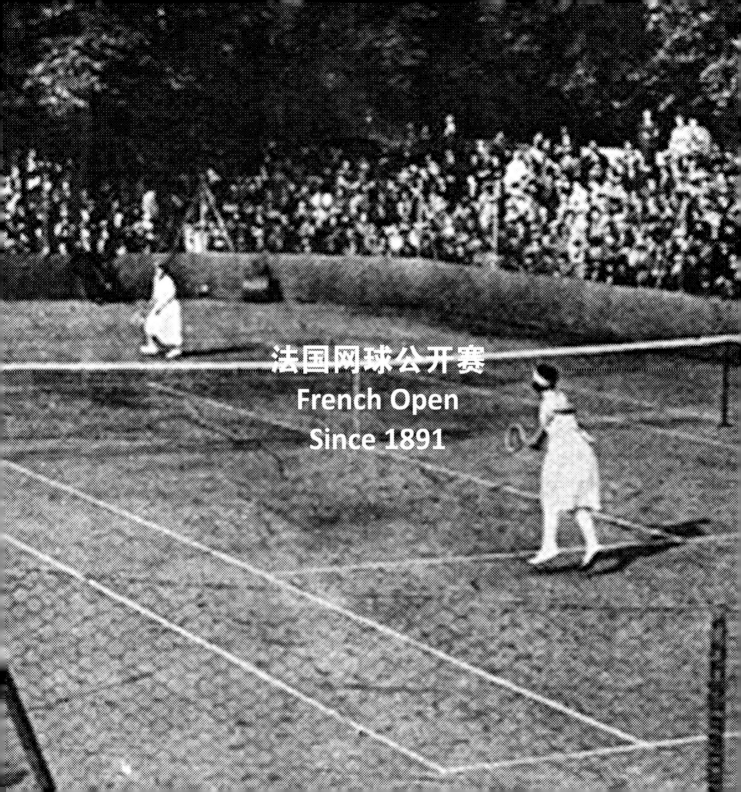

法国网球公开赛
French Open
Since 1891

罗兰 · 加洛斯球场
Le Stade de Roland Garros
Since 1928

澳大利亚网球公开赛
Australian Open
Since 1905

罗德·拉沃球场
Rod Laver Arena
Since 1988

莲花球场
Lotus Arena
Since 2008

国家网球馆钻石球场
中国北京
Diamond Arena
National Tennis Center
Beijing, China
2011

新赛场　新起点
New Venue
New Point of Departure

中国建筑设计研究院
拾壹建筑工作室
Atelier 11
China Architecture Design & Research Group

⑪

www.atelier11china.com

目录

记录和思考
Documentation and Reflection

徐磊 Xu Lei

拾壹建筑工作室设计总监 Director of Atelier 11

这本书记录了我们拾壹建筑工作室和相关团队在国家网球馆设计和建造过程中的若干片断。

之所以叫记录，是想把过程中的事情多写一些，而不仅是描述结果。有几个原因：第一可以充数。一个房子出本书，本来就有点勉强，多说点中间的故事，才有话可说；第二可以自省。只说结果，未免会文过饰非，变成鼓吹的文字，回顾一下，会记得自己的纠结甚至错误，把经历变成经验；第三可以增值。出一本书，总要给读者一些价值。在项目作为成品的图像之外，提供一些过程中的信息，不想大家钱花得冤枉。

This book is a collection of documentation on some slices from the design and construction process of the National Tennis Center, which is completed by Atelier 11 and other collaborative teams.

So called as documentation, the book aims to take an in-depth look into the process rather than only to describe the result. There are some reasons for that. First of all, telling more stories will help extend the content of the book. One building seems not enough to give abundant contents to compose a whole book. Only with the stories that happened during the process, we could have more to share with the readers. Secondly, it helps us to do some self-reflection. If we only talk about the result, we might indulge ourselves into certain advocacy with some fancy descriptive words. But if we take time to look back and try to record the process, we will remember our entangled thinking and even mistakes, so that what we have undergone could be turned into experiences. Lastly, the stories from the process may add values to the book. A publication shall always be valuable to its readers. We hope to make our book a worthy purchase for our readers not only with splendid photo images, but also with helpful information collected from the whole process.

这些记录的文字部分实际上是回顾的结果。此时回忆起的一些想法，一些困难，得到的帮助和遇到的无奈，与彼时的图纸、图像放在一起，成为记录的整体。作为一个过程的记录，在时间上并不是确切的当时当地，但也有它的好处，可以更整体地把握过程的趋势，更有利于我们看清事情的本质，这些记录从而有了思考的意义。

这些记录和思考的过程，也是把我们的观念和实践相对照的过程。

The content of this documentation actually results from retrospection. The ideas, difficulties, gained help, and confronted frustration that we remember now become the integrated documentation together with the drawings and images from then. As a recording for the process, it is not that accurate in terms of time and location. But it also has its own benefit, since we can have an overview on the development of the process so that we can grasp the essence of the matter. In this way, documentation has its significance for reflection.

The process of documentation and reflection is also a process of comparing our concepts to the practice.

所谓观念，是我们在设计中正在形成的一些态度。有两点我们尤其关注：一是如何对待建筑的真实，一是如何看待建筑的价值。

真实包括几个方面：对于环境的真实应对，建构过程的真实，实用的真实，以及在此之上心灵感受的真实。

对于环境的"真实"应对。这些应对基于每个项目对于环境的大量分析，使建筑能充分而又得体地与环境交流。我们不先验地决定建筑的形态，或者过分地追求其个性，我们希望建筑在那里，而且就属于那里。

Concepts are some attitudes we have developed during our practice of design. There are two points that we would pay special attention to. One is how to deal with the truth of the architecture, and the other is how to look at the value of the architecture.

Truth involves with several aspects: the true response to the environment, the truth during the construction, the truth of functionality, and the truth in the human mind.

The true response to the environment is based on the intensive analysis on the environment of each project, which is conducted to ensure that the architecture could perform sufficient and appropriate communication with its surroundings. We never predetermine the form of the architecture, or pursue excessive individuality of the building. We want the building to be there, and only to belong there.

在这个项目中，环境的应对策略直接决定了项目的发展方向，它的特殊性在于现有的场地和建筑是奥运时的莲花球场，而且从设计上是一个值得尊重的项目，因此，在不断的尝试之后，我们还是把延续作为和既有环境沟通的核心策略，这样就产生了几个基本的决定：完整的圆形、连接平台、和现有建筑统一的混凝土表面等，而其他环境因素的考量都以此为基础。这里的真实在某种程度上甚至意味着一种对自我表现冲动的放弃。

建构过程的真实。无论是结构形式、机电组织，还是构造措施，都是我们形成最终真实建筑的因素。我们反对虚张声势的建筑，而事实上，在对这些因素的合理性、真实性进行研究的过程中，我们往往不经意间得到了新鲜的建筑形式和建筑空间。

In this particular project, the strategy to the surrounding environment directly determines the direction of the project development. Its specialty lies in that the current site and building belong to the Lotus Arena built for the Beijing Olympics, which is a respectable project itself. After some rounds of explorations, we decided to take "extension" as the key strategy to communicate with the built environment. As a consequence, we came up with several preliminary decisions: a form of perfect circle, continuous platform, and concrete surface same as the existing architecture. All the other considerations for the environment would be based on these preliminary decisions. Here, to some extent, truth means giving up our urge for self-expression.

For the truth in construction, we focus on the structural form, mechanics and electricity system, and construction methods, which will ultimately comprise the true architecture. We oppose pretentious buildings. In fact, during the process of investigating the rationality and liability of all the factors involved in a project, some fresh architectural forms and spaces will unexpectedly come up.

以结构为例，在确定了球场的基本形态之后，各向同性的结构自然产生，但在实现外围结构的过程中，从投标到调整直到施工，我们实际上经历了从不那么彻底到坚决的表达的一个转变过程。这里的一个感受是：真实有时会比矫饰更加艰难，我们需要更准确地把握建构过程中技术和工法的本质，才能准确和真实地表达。而一旦做到，形式的力量也就自然产生了。

建筑在其实用上的"真实"从来都是我们最基本的出发点。在建筑设计中，我们既关注普遍意义上的实用，比如合理的人体工学尺度，人的行为模式；又着力于建筑的特殊功能要求，譬如功能性建筑的特殊空间和物理要求。我们使建筑最大限度地实现使用的习惯和便利。我们并不喜欢强词夺理、自以为是的建筑。

Take structure as an example. After we decided on the basic form of the architecture, the isotropic structures were all brought in as a natural consequence. But as we worked on the structure for the exteriors, from the bidding, modification, and to the construction, we have experienced a transition from hesitation to firm conclusion. What we felt from such a process is that sometimes truth is even harder to reach than decoration. We will have to obtain a better understanding of the nature of techniques and craftsmanship in the construction process in order to precisely and honestly express our concept. As long as we achieve it, the power of the form will come into life effortlessly.

The truth of the architecture in its functionality is always our most basic starting point. In the architectural design, we not only pay attention to the functionality in the common sense, such as human ergonomics and human behavioral patterns; but also investigate in specific functional requirements, especially in the special physical and spatial needs of the buildings. We try to realize the architecture's functionality and convenience to its maximum. We do not like irrational and presumptuous buildings.

在网球馆的基本功能之外，开合屋面是这座球场最特殊的一个要求，在投标时，我们采用了手风琴式平开屋面。而在实现过程中，我们又认识到这里的几个核心要素：可靠性、开口面积、造价、工期。因此最终选择了双层弦杆结构的活动屋面，以确保核心功能的实现。这实际是一个建筑师退让的过程，在形式上或许没那么炫目，甚至有所遗憾，但综合看起来，也许是正确的选择。

我们最终追求心灵感受的"真实"。无论是尺度、空间、形态，还是色彩、材质和细节，都必然和人们的审美经验相关联，这里的真实尽管不可避免地会带上个人色彩，但我们还是会尽可能地分析人们的感受和期望，利用我们的设计手段，使我们的诉求和感受者的体会相契合。

Besides the basic functions of a tennis center, a retractable roof is a most special demand by this project. In the bidding our solution was an accordion-like retractable roof. During the realization process, however, we noticed some essential elements for this feature to be considered: liability, opening area, production cost and time limit. In the end, we chose to use a 2-level chord structure for the retractable roof in order to ensure the realization of its key function. It may seem as a concession made by the architects since the form doesn't look so fancy, or maybe even seems a little bit regretful. But it may be the right choice if we look at it in the complete context.

Our ultimate pursuit is the truth in the human mind. Dimensions, space, forms, colors, textures and architectural details are all related to the aesthetic experiences of each individual. The truth we talk about here is inevitably shadowed by personal influence. However, we still try to analyze the expectation and feelings of the general public. And by our design means, we try to correspond our pursuit with the perception of the people who experience our designs.

对于这样一座公共建筑，人们对它是有所期望的，比如新鲜的形式感、超现实的尺度感、节庆的气氛等。我们尝试站在非建筑师的角度去理解这种期待，并且意识到项目的使用方式、针对的对象等都要求建筑最终表达出恰当的气质，反过来，人们才会在这里体会到恰当的气氛。

然后是建筑的价值。价值也有几个方面：建筑内部价值的挖掘，建筑对于外部价值的利用，建筑对于外部的价值输出，在此基础上建筑作为整体的价值。

内部价值的挖掘。建筑并不是既定功能空间的简单组合，对功能空间本身的审视以及对功能空间组合方式的研究会给出多种价值的组合，我们应当努力寻求其最大值。空间界面和固定的内容物同样会以不同方式加入到这些价值之中，对此同样应当重视。

People will have expectations to such a public building, e.g. a new form, surrealistic scale, festive atmosphere, and so on. We try to understand such an expectation from a non-architect's perspective. Also, we realize that the functional purpose of the architecture and its target visitors require the architecture to display its proper character. As a return, the visitors will feel the atmosphere created by the architecture. Then it comes to the value of the architecture.

The value also includes several aspects: digging into the internal values of the architecture, its use of external values, its export of external values, and its value as a entirety based on the previous factors.

Architecture is not a simple assembling of existing functional space. The examination on the functional space itself and research on the methods of combining functional space will result in many different combinations of values, which we shall try to maximize. Space surfaces and contents will also be added into these values by different means, which should also be paid attention to.

印象很深的是包房和看台的调整，在包房设置、座位总数、看台角度三个相关变量中，最终确定组合的原因来源于使用价值，而这种价值正是网球运动的特殊性所决定的。在内部色彩的使用中，我们非常认同赛事推广方提出的"服务感"的色彩概念，并采用有质感的色彩来获得最终的感官价值。

外部价值的利用。建筑自身价值既来自于内部，同样也可以从外部获得，应当充分利用外部价值，包括景观价值、区位价值、关注度价值等。

An impressive example is the adjustment of the design of boxes and stands in the design of the tennis center. Among the related variables-number of the boxes, total amount of seats, and the angle of the stands, the final choice of the combination resulted from the evaluation of the value in use. And such a value is determined by the specialty of the sport of tennis. In terms of color scheme for the interiors, we very much agreed with the color concept of "sense of service" proposed by the game organizing committee, and adopted a selection of richly-textured colors to embody the perceptional values.

The architecture's own value not only comes from its inherent quality, but also can be gained from its external surroundings. We should take maximum advantage of its external values, including those from landscapes, locations, degree of attention, etc.

在建筑的7层，可以非常舒畅地看到奥运公园、西山，甚至昌平的燕山余脉。上层看台的休息平台设在这里，为高区观众提供额外的价值。而作为整个场地的一部分，主场馆加入到原有的规划体系中，不但是对既往的尊重，建筑本身也从这一完整的体系中获得了稳定感和核心感，这也是外部条件带来的价值。

价值输出。建筑在自身价值之外，由于其在公共空间和公共事件中无法忽略的存在，必然会对外部形成各种影响。这些影响即成为价值输出，这些影响有可能会是正面和负面的组合，我们应当努力使影响之和趋向于正向的最大值。

On the 7th floor of the architecture, the visitors will be able to enjoy the views to the Olympic Park, West Mountain, and even some parts of the Yan Mountains in the distant Changping district. By placing the rest area of the upper-level stands on this floor, we are able to offer extra values to the audience seated in this area. As part of the whole site, the new tennis center is merged into the existing planning system. It is not only a friendly gesture to the existing environment, but also provides the architecture itself with a sense of stability and core status among the integrated structure, which is also the value brought by the external conditions.

Besides its own values, the architecture will inevitably exert various influences on its surroundings due to its significant existence in the public space and public affairs. These influences then become the export of values. They could be combinations of positive and negative influences, so we shall try to push the total influences to their maximum values in the positive direction.

建筑最直接的价值输出是对赛事传播力的影响。正像几个大满贯赛事的球场以其特色与赛事在传播上互相促进一样，我们的球场也以自己的形象力、包房数量、开合屋面等形成传播热点，为中网赛事输出价值。而对于所在区域一奥运公园北端以及北五环来说，在原来空旷的地带加入一个完整的视觉节点，同时避免对原有景观的破坏，则是对城市的正向贡献。

整体的价值。所有内外价值都以建筑本身的整体为依托，也只有成为一个价值的整体才有实际的意义。最终，我们关注价值的两个整体属性：价值的总和，价值的均衡。

The most direct way to export the values by the architecture is its influence on the promotion of the events. Like the mutual promotion between the games and their courts in all the Grand Slam tournaments, our court also provides interesting topics for media coverage with features like its distinctive image, number of boxes, and retractable roof. And to the area where it is located, north of the Olympic Park and the North Fifth Ring, the architecture adds a complete visual point to the originally open area without destroying the existing landscapes, which is a positive contribution to the development of the city.

All the internal and external values are based on the entirety of the architecture itself. And it only makes sense if all the values come into an entirety. After all, our attention is drawn to the two general properties of the values: the sum of the values and the balance between them.

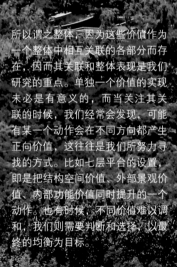

所以谓之整体，因为这些价值作为一个整体中相互关联的各部分而存在，因而其关联和整体表现是我们研究的重点。单独一个价值的实现未必是有意义的，而当关注其关联的时候，我们经常会发现，可能有某一个动作会在不同方向都产生正向价值，这往往是我们所努力寻找的方式。比如七层平台的设置，即是把结构空间价值、外部景观价值、内部功能价值同时提升的一个动作。也有时候，不同价值难以调和，我们则需要判断和选择，以最终的均衡为目标。

So called as entirety, it is because These values relate to each other as different parts coexisting in an integrated system. So the emphasis of our research is on their relationships and overall performance. The realization of a singular value is not necessarily meaningful. When we pay close attention to their relationships, we often find that one action will generate positive values in different directions. This is often the way we strive to look for. The design of the platform on the 7th floor, for instance, is an action to increase the values of structure space, external landscapes, and internal functionality at the same time. But also, different values sometimes cannot be reconciled with one another. Then we need to make judgments and choices with the aim to reach the

建筑的真实是其存在的基础，建筑的价值是其存在的意义。离开这两点，建筑很容易变成自我宣泄，孤芳自赏。要实现这两点又不容易，在这个项目中，知识的及时拓展，思考力的深入和挖掘，信息的整理和判断，坚持和妥协的选择贯穿了整个设计过程，很多时候是艰苦的。尽管还有很多遗憾，最后的结果还是鼓励我们，只要坚持理想，我们的目标即使不中，亦不远矣。■

ultimate balance.
The truth of the architecture is the foundation of its existence. The value of the architecture lies in its significance of existence. Without these two points, the architecture will easily be turned into self-catharsis and indulgence. But it is also quite difficult to realize these two points. In this project, prompt expansion of knowledge, in-depth development and digging into thinking power, organization and judgment of information, and decision making between persistence and compromise, have run through the whole design process and they were often painful tasks. Although there may be some places where we wish we could have done it better, the final result is still a great encouragement to us that as long as we insist on our ideals and even if we don't reach our goal, we won't be too far away from it. ■

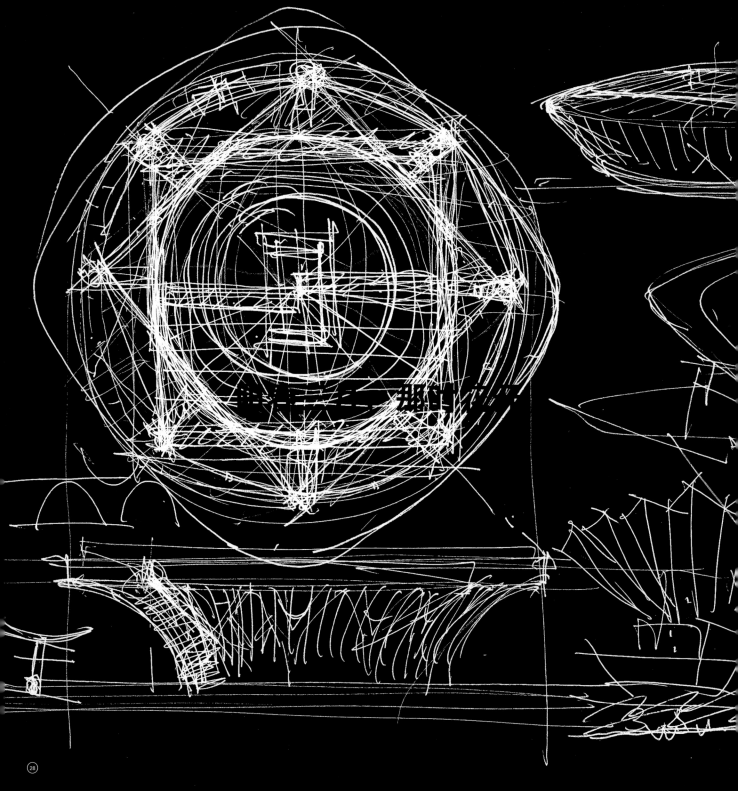

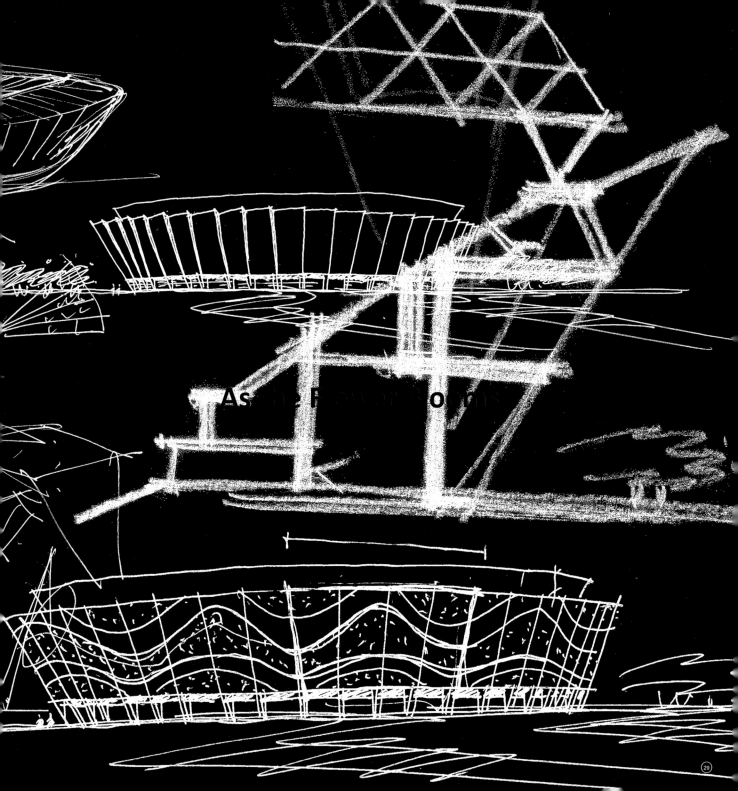

As the Power Books

整个投标的过程如同一场战斗。终于，在愚人节那天，我们得到了中标的消息。

网球馆的方案设计面临着诸多问题，但所有挑战都暗藏着机遇。我们尽了最大努力分析、解决这些问题，向着明确的目标前进。整个建筑的结果是水到渠成的，我们的造型结果本身，包括立面、屋面形式等，都是对限制条件的分析与回应，是自然产生的。

也许如同愚人一般踏踏实实的耕耘，才是我们中标的关键。

The bidding process was like a battle. Finally, we got the news of victory on April Fools' Day. We encountered various problems in the process, but we welcomed all the challenges, for we saw chances in them. We tried our best to analyze and solve these problems and march towards a clear destination. All the design process happened naturally, and all the elements of the building, including the façade and the roof, were the result of our analysis and response to the constraints we met.

Perhaps the key to winning the bidding was just the persistent and practical spirit.

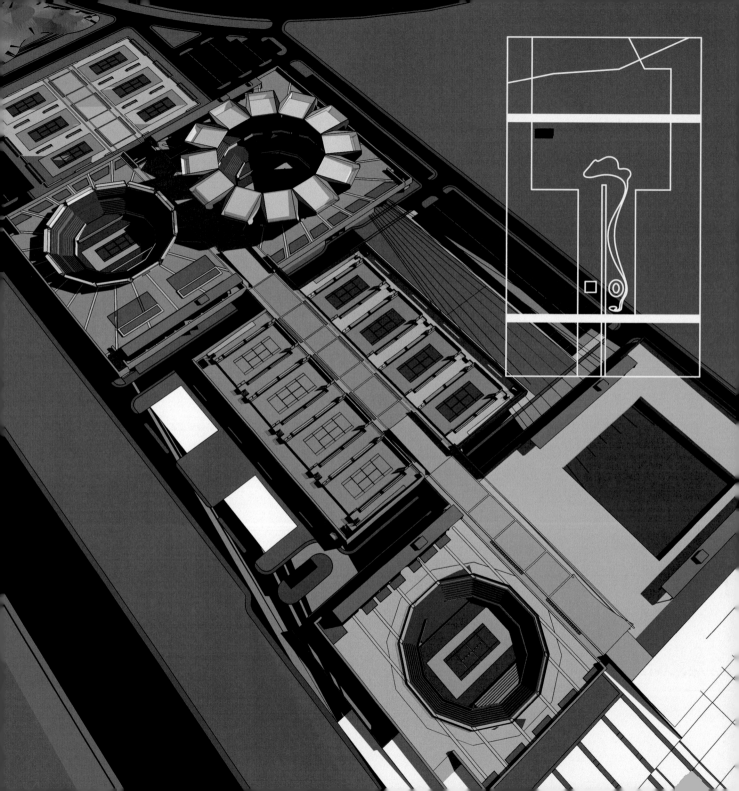

绽放的花冠
A Flower Crown

丁利群 Ding Liqun

2009.4.1 愚人节

中午11:10
座位上正忙得四脚朝天，徐磊走过来拍了一下我的肩膀，轻描淡写地说了一句："中网中标了。"
"真的？"我从椅子上跳了起来，眼盯着徐磊，可眼神里又有些疑惑。
"今天是愚人节。"徐磊边说边笑着走掉了。
靠，没这么开玩笑的，明知我们为了这个项目付出了多少心血。
"嗨，徐磊……"
"真的中了，而且据了解是专家全票通过。"
"牛X。"我们拥抱了一下。

2009.4.1 April Fools' Day

11:10 A.M.
I was occupied by piles of work when Xu Lei clapped upon my shoulder and said with understatement, "We won the bidding."
"Really?!"I jumped up from the chair and looked at him with doubt and uncertainty.
"It's Fools' Day today." Xu laughed and walked away.
How could you ever joke on this? We spared no effort for this project!
"Hey, Xu Lei!"
"It's true. And I heard that it was an unanimous vote."
"Awesome." We hugged each other.

2009.2.28 踏勘

我和徐磊还有项目经理谭京京第一次来到了国家网球馆。
国家网球馆位于北京奥林匹克国家森林公园北部。基地东侧与森林公园隔路相望，南侧为奥运会射箭比赛场地，西侧为城市道路，北侧为城市五环路。站在基地最高处，东侧和南侧的森林公园一片绿意盎然，环境优美。向南远望，依稀可以看到"鸟巢"和"水立方"，视野开阔。而开车行驶在五环高架桥之上，基地面貌也一览无余。
国家网球馆现状规划思路明确，条理清楚。一条东西走向明确的轴线面向西侧城市道路展开，将南北所有的运动场地串联起来。地形类似台地，沿轴线自西向东依次抬起，轴线末端最远处南侧为莲花球场，体量简洁，姿态优美。国家网球馆交通组织采用了立体交通模式，依托逐渐升起的台地，将不同交通流线有效分流：人员活动在上，车流运输在下；公众人流在上，内部人流在下。
目前的场地均为室外比赛场地。包括莲花球场共有三块比赛场地和八块训练热身场地。拟建基地位于轴线起始端南侧，与2号比赛场地相对，目前为预留地。

2009.2.28 On-the-spot Survey

Xu Lei, Tan Jingjing and I came to the site for the stadium for the first time.
The site belonged to the northern part of the Olympic Forest Park. It adjoined the park on the eastern side over the road, while an urban road lay to the west of the site and the archery arena is to the south of the site. The North 5th Ring was just to the north of the site. When we came to the highest point of the site, the green forest leapt into our sight and refreshed our mind. Looking to the south, we could see the "Bird Nest" and "Water Cube" with a broadened vision. We also had a commanding view of the site on the North 5th Ring.
The idea for development was clear: an east-west axis connected all the arenas. The terrace-like site rose from the west to the east, with the Lotus Arena as the end of the axis. The Lotus Arena adopted flyover-crossing transportation, which set separated paths for audience, insiders and vehicles.
All the existing arenas were outdoors, including 3 playing fields and 8 training fields.
The site reserved for the new stadium was located at the south end of the axis, facing 2# playing field.

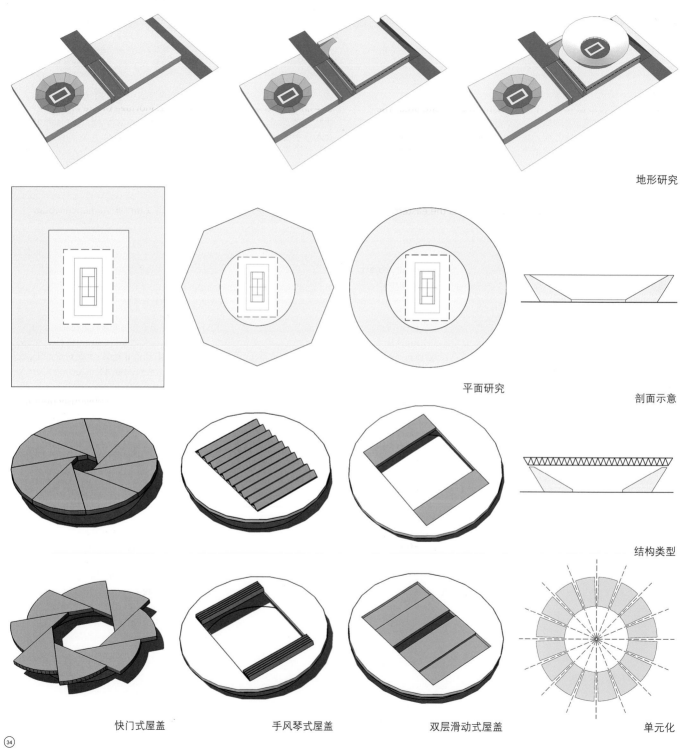

地形研究

平面研究

剖面示意

结构类型

快门式屋盖　　　　　　　　　手风琴式屋盖　　　　　　　　双层滑动式屋盖　　　　　　　单元化

2009.3.2 杂症

拿着任务书，看着现场踏勘的照片，我们发现面临着诸多的棘手问题。

1.用地紧张。总用地面积约16900平方米，总建筑面积48000平方米，其中场馆总建筑面积38000平方米，临时设施5000平方米。场馆总座位数15000座。而且用地内东侧有一条市政自来水管，地下部分建设面积有限。

2.开合屋盖。任务书明确提出必须要设计可开合屋盖，满足多方面功能需求。

3.时间紧迫。要求保证2010年中国网球公开赛顺利举行（最终工期延后一年）。

4.造价受限。工程造价成本控制严格，总造价控制在4.3亿人民币左右。

5.建筑形态。如何实现具有标志性的建筑形象。

......

而每一个问题的背后都有很多潜在的问题有待解决。

当然，这也是好的事情。有了挑战，才有机会，它意味着如果我们很好地解决了这些问题，方案也就有了雏形。

如果只有一张白纸，我们反而不知从何下手。

2009.3.2 Difficulties

With the design requirement and photos taken yesterday, we felt that we were immersed with thorny problems.

1.Shortage of site area. The total area of the site was 16,900 square meters, while the total building area was 48,000 square meters, including 38,000 for the arena and 5,000 for temporary facilities. A municipal water pipe went across the eastern part of the site, making it difficult to expand the underground area to the east.

2.Retractable roof. The project required a retractable roof for the new stadium.

3.Tight schedule. The stadium must be completed before the 2010 China Open. (The completion time was put off for 1 year in the end).

4.Limited cost. The client had strict control over the cost—430,000,000 RMB.

5.Architectural Form. We had to make the building iconic.

......

Each problem had its "branch" problems. Having problems wasn't bad after all—opportunities always come with challenges. The early form would surely take shape after the problems were solved.

Anyway, it was better than facing a blank sheet.

2009.3.3 开战

所有的分析和研究均针对具体问题逐步展开，理性推进。

1.用地紧张

我们很赞赏原来的规划思路，因此总体布局上延续现有场地的规划设计和立体交通思路。一方面将观众入口平台相对抬高1米，同时将南侧道路相对现有道路局部下沉1米，保证首层层高。观众依然由上层进入场馆，而赛事人员及贵宾由平台下直接进入，避免流线交叉。而现有平台之上紧张的预留用地直的长短轴会和有限的用地发生冲突，用地效率低下；另外，国家网球馆现有球场均为八边形平面，考虑与周边环境协调，我们决定采用相对八边形利用率更高的圆形平面，最大限度地缓解用地紧张。

同时为尽可能减少建筑的底层面积，从而为观众腾出尽可能多的集散空间，建筑体量采用契合看台走向的倒圆台形式——而这些判断已经基本敲定了设计方案的体量雏形。

2009.3.3 Start of Battle

All analysis and research were conducted on the basis of specific problems, and then proceeded with rationality.

1.Shortage of site area

We appreciated the original development, and decided to go with the existing mode of development. We raised the entrance platform by 1 meter, and lowered the southern road by 1 meter. Audience would enter the stadium from the upper part of the building, while athletes, referees and VIPs would enter from the lower part.

The tight area above the platform would surely affect the layout. We studied cases of tennis stadiums in and out of China, and found out that most stadiums had square or polygon plans. If we adopted a square plan, the shape of a rectangular arena would obviously unfit the site; besides, the existing Lotus Arena had an octagon plan, which we wanted to harmonize with our new stadium. Finally, we decided to adapt a round plan which was highly effective, to make the best use of the limited land.

We made the shape of the building an inverse cone to minimize the area of the 1st floor, so that the audience will have a larger outdoor area.

The above features made the prototype clear.

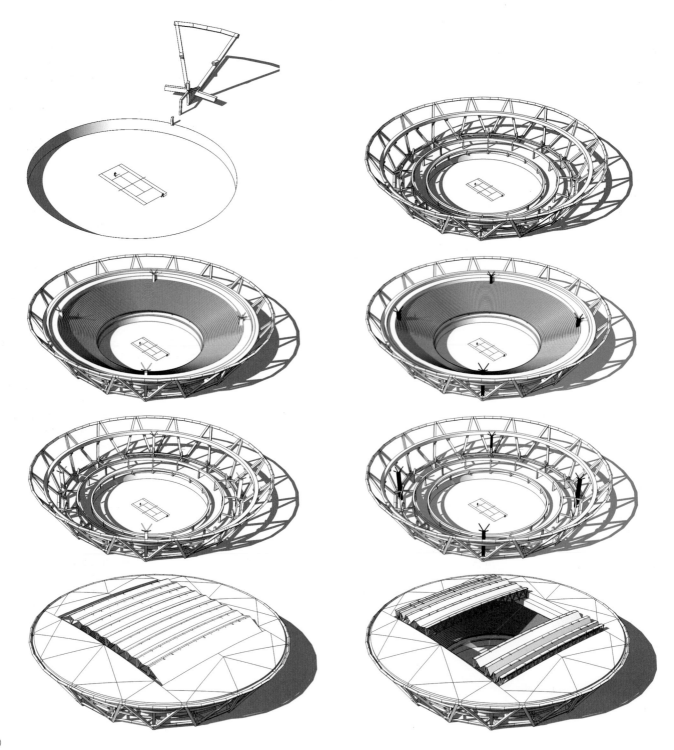

2.开合屋盖

目前可开启屋盖技术比较成熟的方式有三种。典型的如上海旗忠球场的快门式屋盖，法国温网的手风琴风箱式屋盖，日本很多体育馆采用的水平滑动式屋盖。

快门式屋盖的开启效果非常炫目，但造价较高，施工精度要求高，施工周期长，考虑到紧张的工期和有限的造价，放弃。

水平滑动式屋盖技术相对简单，但单层滑动屋盖要求屋盖打开时有足够的收储位置，而双层屋盖虽然会减少收储面积，但是屋面高度会增加较多，会破坏屋面的完整性（最终方案考虑到造价实施双层滑动屋盖）。

为此我们绘制了很多屋盖的概念草图比对各种思路，一度甚至考虑过做一个贯穿南北场地的空中轨道，将开合屋盖的移动范围扩展至北侧球场，屋盖的体系完全与球场脱开。但这种方式的问题在于：屋盖移向原球场，可能会为原球场带来阴影等不利影响；另外，轨道的存在会对建筑本身的视觉效果产生一定影响。用一个第三方的东西来解决屋盖问题，与建筑不够契合，最终我们还是决定在建筑内解决开启屋盖的问题。

于是方案指向了手风琴式的开启屋面。这种方式的优点在于屋盖结构可以较薄，易与整体屋面形象相契合。但主导轨和固定拉膜支撑因随着打开角度不同而会有不同的变化，导致设计和施工都比较复杂。我们和结构的同志经过商议决定，这个挑战值得一试。

2.Retractable Roof

There were mainly 3 types of retractable roof. One was shutter-like roof, which Shanghai Qizhong Court adopted; the second was accordion-like roof, which Wimbledon Open chose; the third choice was horizontal sliding roof, which was widely used across Asia.

The visual effect of shutter-like roof was very fascinating, but the cost and requirement for constructive precision was high, and it would take a long time to construct, so we cancelled this choice.

The sliding roof was comparatively reliable and inexpensive, but it required enough storage space, which would increase the height of roof and affect the look of the building. (Finally we chose this type.)

We made lots of sketches for comparison, and we even considered setting up a big track over the new and existing stadium, which could pull the roof from the new stadium to the existing one. But that would affect the overall look of the site, and cause problems by the shadow it cast. So we gave up this idea.

The accordion-like roof had a thinner structure, and fit the building better. But the design and construction were complicated. After consideration, we decided to take the risk.

3.时间紧迫

我们以标准化单元和模数化设计来应对工期紧张的问题。从平面布局到立面设计均采用单元化标准模块设计，在平面设计和施工阶段都可以节省大量的时间。为保证建筑体量的完整，结合平面功能，我们确定将建筑整体分为16个标准单元，平面功能、结构形式等均依此原则深化。

而这种方式的选择也为建筑立面展现有节奏的韵律感埋下了很好的伏笔。

4.造价受限

我们选择了最普通、最经济、技术最成熟的结构形式——钢筋混凝土柱子加网架屋面，最大程度地减少工程造价和施工难度。

5.建筑形态

截至目前为止，似乎建筑的大方向沿着一个理性分析的思路顺利进展。圆形的平面布局，倒圆台的体量，16组标准单元，手风琴式开启屋面……但是最终呈现的立面形象是什么呢？

翻资料，查档案，看大师，我们发散思维，绘制了大量的立面草图，也追随建筑潮流尝试过不同的方向甚至是极度夸张的造型，但建筑外部造型始终找不到理想的方向。立面精彩，但总是让人觉得没有强烈的说服力：“为什么这就是国家网球新馆？”

我们陷入了很长时间的苦恼中。

3.Tight schedule

We decided to fight this problem by standardized unit and modules. We adopted concepts of units and modules in the layout and façade, which saved time in both design and construction phase. To guarantee the integrity and functions of the building, we divided the building into 16 standardized units, and all further design would proceed on this basis.

This division also laid a good basis for the metrical aesthetics of the façade.

4.Limited Cost

We designed reinforced concrete columns and space truss roof, for this combination was common, economical and easy to build. Thus the cost and difficulty of construction could be reduced to the minimum.

5.Architectural Form

By now, it seemed that we were proceeding through a rational trace. Round layout, inverse cone, 16 standardized units, accordion-like roof... But what it would look like on the façade? Looking up references and works by master architects, we set our wits to work and made lots of sketches for the façade. We tried different styles, including some very 'fashionable' and exaggerating ones, but the right one never came. Some elevation sketches were actually beautiful, but none of them were persuasive enough to be the only solution of this unique National Tennis Center.
We fell in distress.

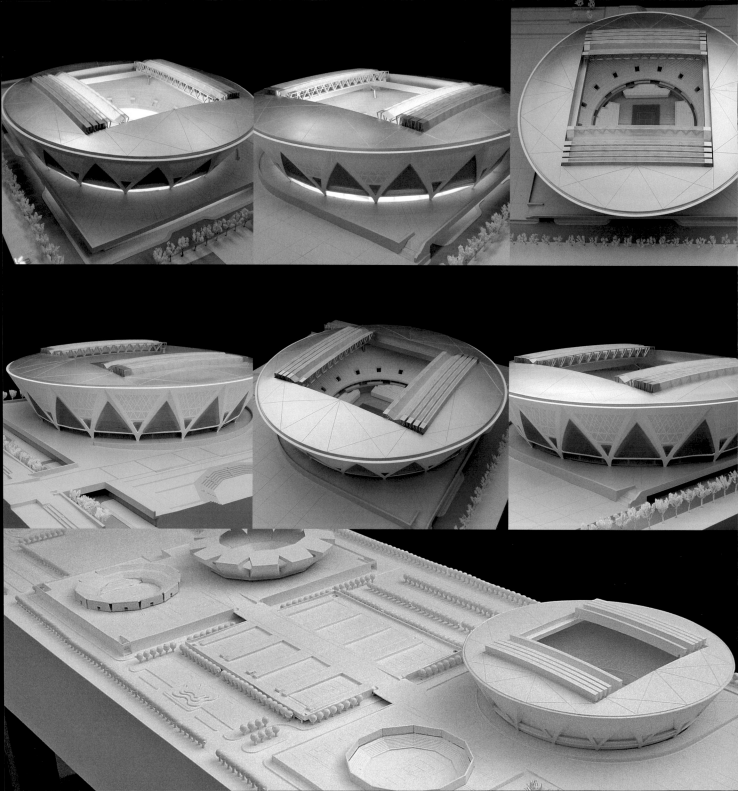

2009.3.16 攻坚

我们决定暂停一下，反思我们的思路。

体育建筑相对普通公共建筑如酒店、办公最大的不同点是什么？是它功能的特殊性、空间的特殊性，以及由此带来的结构形式的与众不同。而我们目前的建筑立面更多地集中在外部表皮，与内部空间以及结构形式呈现完全剥离的状态。

这就是问题所在！

我们调整思路，从结构形式出发，表达体育建筑的结构美。

由于上大下小形状的受力形式，自然想到V形柱——这就奠定了立面形式的基础。如果在设计中有所谓的灵感，可能在此吧。和结构的同志马上沟通，结构的同志结合看台支撑又提出了立体V形柱，以16组三维V形组合柱组支撑整个看台和建筑。马上在CAD中将结构尺度优化，结合高度刻画细部……

立刻给效果图小白打电话："兄弟，又有新东西了……渲染完之后发我邮箱，我明天一早收。"

第二天一早就来到单位，虽然觉得应该不错，但是心里还是有些忐忑。迫不及待地打开电脑，上网，登录邮箱，下载图片，打开……

就是它了！

16组V形柱，恰如一朵绽放的花冠。我们找到了我们的答案！

2009.3.16 Siege

We decided to take a break and reflect our ideas.
We raised a question to ourselves: compared to other public buildings such as hotels and offices, what made sports building different? The answer was its special function and spatial form, which resulted in its special structure. What hampered us was just the façade, which did not have much connection with the structure. That was just the problem!
We adjusted our way of thinking, and tried to express the beauty of structure Itself.
V-shaped columns came into our eyes naturally, for it fit the shape of an inverse cone. If we ever had the so-called "inspiration", maybe that was it. We discussed this proposal with our structural engineers, and they came up with the idea of a three-dimensional V-shaped column, which supported the whole building with 16 sets of V-shaped composite columns. They started optimizing the dimensions and designing details as soon as we agreed on this idea.
We also began calling the rendering company, "Hey buddy, we have something new for you… Send it by mail as soon as you finish rendering. I need it tomorrow morning!"
Checking mail was the first thing we did the next morning. We quickly turned on the computer, linked to internet, logged into the mailbox, downloaded the picture, and then opened it…
"That's it!"
16 sets of V-shaped columns just looked like a flower in full blossom.
We found the answer!

2009.3.21 冲锋

截至目前，建筑的框架已经完全确定。在具体材料和构造措施上我们尽可能地完善细节。在各层标高分别设置通风百叶，同时平面布局中结合交通空间形成贯通的"风道"，最大限度地利用自然通风和空气对流的作用，减少能耗。

在可开启屋面采用半透明ETFE膜，这样在屋顶闭合时，仍可在室内形成均匀柔和的高品质光环境，减少人工照明的使用。

在结构网架下采用铝合金吸声吊顶，除满足网球、篮球等体育赛事的要求外，也可满足娱乐演出等多功能场地室内混响、声压及声学要求，为场馆多样化运营提供可能。

……

与此同时，效果图、模型、多媒体等一切工作都在紧张而有条不紊地进行着。

……

2009.4.1 愚人节

我们中标了！

2009.3.21 Charge

The frame of the building was fixed by now.
So we began working on the details of materials and construction.
We designed louvers for ventilation, and created some "air passages" by arranging the walking space in the layout. We made maximum use of natural ventilation and air circulation to reduce energy consumption.
The retractable roof would be made with translucent ETFE film, which could cast soft light when the roof was closed and reduce the need for artificial lighting.
Aluminum alloy sound-absorbing ceiling would be suspended under the grid structure to meet the acoustic requirement for not only sports events, but also live shows. This made it possible to hold various events in this stadium.

2009.4.1 April Fools' Day

We won the bidding!

尾声

Epilogue

项目建成后，反响很好。朋友们或媒体问到的最多的话题有关"灵感"。是什么激发了你们最初的灵感？花朵是你们的灵感来源么？晚上看到了流星了么？灵感真是一个好东西，似乎灵感的火花一旦迸了出来，后面就可以顺理成章地等待丰收了。

This project earned acclaim from the public. What interested friends and presses most was our "inspiration"—what inspired you? Did you get the idea from a meteor trail you saw? … For some people, inspiration really sounds good, for it seems easy to succeed once you have it.

但我愚笨，绞尽脑汁回忆，似乎投标那段时间脑袋没有被雷击中过。灵感似乎从没有垂青过车公庄大街北侧楼里那几个可怜的人。那一个月的头脑风暴都是在分析各种设计因素条件，解决各个实际问题，其过程更像是一个自然长大的果子，最终瓜熟蒂落。

But I'm not a smart guy who can easily do this. I tried hard to remember whether I was hit by inspiration, and got a negative answer. Inspiration never fell on these poor guys working in the office. All the brainstorming we had was aimed at analyzing all the conditions and trying to solve every problem. The process was more like a fruit growing up from a seed.

建筑虽然是"凝固的音乐"，但和绘画、音乐等纯艺术形式毕竟不同。公元前1世纪维特鲁威在其经典著作《建筑十书》中主张一切建筑物都应考虑"实用、坚固、美观"的基本原则。千百年来，虽然建筑历经了各种潮流的洗礼，但大江东去，淘沙之后沉淀的经典作品最终没有脱离这六个字的基本原则。建筑本质，终究是要实用。发现问题、分析问题、解决问题应该贯彻建筑师整个的设计过程。

As a sort of concretion of music, architecture still differs from fine arts and music. Vitruvius set "utility, durability and beauty" as the fundamental principles for architecture in his "Ten Books on Architecture". Architectural styles varied through thousands of years, but none of the classical buildings in the world deviates from this principle. The essence of architecture must include utility. Discovering, analyzing and solving problems should go through the whole design process.

而活跃在建筑前沿的建筑大师们，如斯蒂文·霍、安藤忠雄等，虽然最终所呈现的建筑形态各不相同，具有大师们强烈的个性标签，但我们研究其创作过程，就会发现每一个建筑的建成，都是逐步分析问题、解决问题的过程，只不过大师们以自己的建筑语言表达了最终的结果。

其实，斯蒂文·霍所提出的"锚固"和安藤忠雄的"场所精神"本质上有区别么？■

Active master architects, such as Steven Holl and Tadao Ando have various individual features and tags, and their architectural forms differ, too. But as we study their design process, we can see that they all went through a process of analyzing the elements of the building and then solving the problems. The only difference lies in their architectural vocabulary in creating the final form. Actually, aren't the anchor theory of Steven Holl and the site spirit of Tadao Ando the same in essence? ■

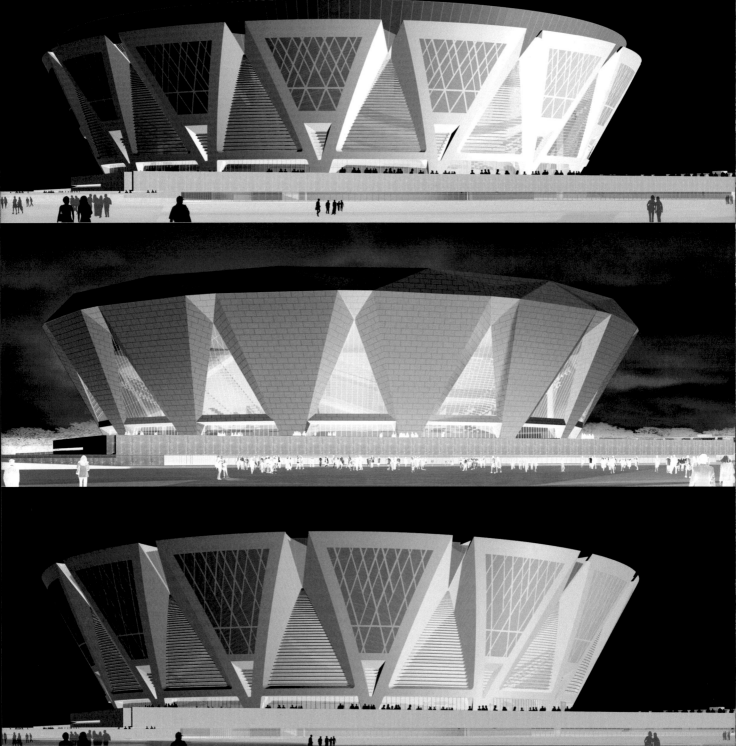

反刍——中标方案调整
Rumination – Design Modification

丁利群 Ding Liqun

中标之后的方案调整意见主要集中在两个方面。一方面来自专家和领导，希望外观雕塑感更强烈些；另一个方面来自使用运营方，从网球文化以及经济运营角度完善内部平面布局。

平面功能的调整集中在包房的设计上。网球文化在西方影响深远，著名的四大满贯比赛历史都超过百年，也是世界上最有影响的运动之一。网球场馆也是人们社交的重要场所。鉴于此，同时考虑经济因素，参考赛事运营方意见，我们在保证基本座位的同时采用目前亚洲仅有的双层包房设计，提供了共48间面积在80~200平方米的包房，增加了贵宾接待能力，使观众结构更加合理。

但是如何给予普通观众更多关注这个问题，一直在脑中盘旋。

Suggestions for further adjustment could be summed up to two points: Firstly, experts and officials were expecting a building with more visual impact and sculptural beauty. Secondly, the organizer wanted a better layout out of economic and cultural consideration.
The modification of layout mainly lay in the compartments. The four grand slam tennis events all had history of more than 100 years, making tennis one of the most influential sports in the world, and tennis courts important places for socialization. After considering economic factors and the organizer's suggestions, we designed the first double-deck compartments in Asia. The 48 rooms with area of 80-200 square meters increased the capacity for VIPs.
But I was still pondering over the possibility of offering more convenience for the public.

功能的优化相对明确，而对于外观造型的调整，尺度则很难拿捏准确。为了强调雕塑感，我们作了多个方向的比较，甚至有完全颠覆性的立面方案。但是一直又拿不定主意，仿佛又回到了投标初期迷惘的状态。

找崔总吧！

带着调整完的效果图拿去给崔恺崔总看，希望能让崔总指出一条明路。听完方案介绍，看了新的方案之后，崔总说了两句话让我们从迷雾中走了出来：
"要有自信，按照中标的思路去做，何必另起炉灶。"
"上部可以和结构结合得更紧密，更充分地暴露结构，增加雕塑感。"

一语点醒梦中人。

The optimization of function was clear then, but it was hard for us to keep balance in the modification of facade. We did different proposals for the facade, aiming at sculptural beauty. Some of the proposals were normal, while others were overturning. Swaying between so many choices, we were immersed in confusion.
Then we turned to the boss, Mr Cui.
With the hope of being saved by Mr Cui's comment, we took the renderings to him. Clouds in our minds began to clear when Cui said, "Have confidence in your original intention. Why deviate from that? ... The upper part can have closer relevance with structure by increasing exposure of structure, thus creating structural beauty."
Cui's words hit the mark.
That was the answer.

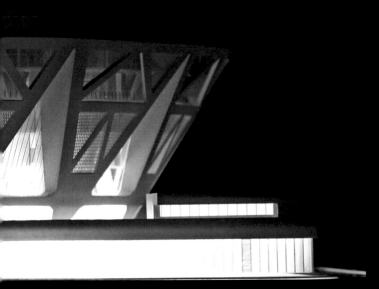

我们再次重新审视目前所面临的问题：如何实现立面形象与结构形式的契合？如何实现网球文化对普通观众的关注？如何实现建筑与周边景观资源的双赢？……

我和徐磊不断地讨论着，而讨论的焦点都集中指向了建筑上部——如果将上部空间打开呢？结构得以充分暴露的同时，也提供了一个开放的灰空间，这里将是普通观众场间休息时交流、观景的绝佳场所。

于是这里就有了可赏西山落日、览森林公园美景、观鸟巢水立方的360°空中观景环廊，而一系列丰富有趣的网球文化活动就此展开。

结构更加清晰地暴露在外。阳光下，建筑光影所营造的雕塑感比任何表皮都更加生动。

回顾调整过程，其实我们走的弯路都是因为思考时脱离了建筑的本质，注意力转移到了建筑表皮。建筑最终呈现的形式依然是投标时思路的延续，而设计过程中所经历的波折与反复，只是让结果更加纯粹。 ■

Once again we looked at the issues: how to reach a unity between the elevation and structural form? How to realize the attention from the tennis culture to average audience? How to achieve a win-win situation for both the architecture and its landscape resources?......

Xu Lei and I continued our discussions which were all focused on the upper part of the architecture - how to open up the upper space? As the structure gets exposed, the open area would also form a gray space for recreation and communication. Our concern for the public would be realized by this space, too.

That's how the 360-degree lobby came into being. Standing here, the public can easily enjoy the sight of spectacular views of the forest park, the glow of sunset and adjacent buildings such as National Stadium and National Aquatics Center.

The structure was still exposed, casting fascinating shadows and revealing unprecedented sculptural beauty, which could never be achieved by simply carving on a surface unrelated to the structure.

In retrospect to the process of modification, detours were caused by deviating from the essence of architecture and focusing on the surface only. After modification, the building still reflected the idea since we won the bidding, and the only difference was that we endowed it with a form with more purity and honesty. ■

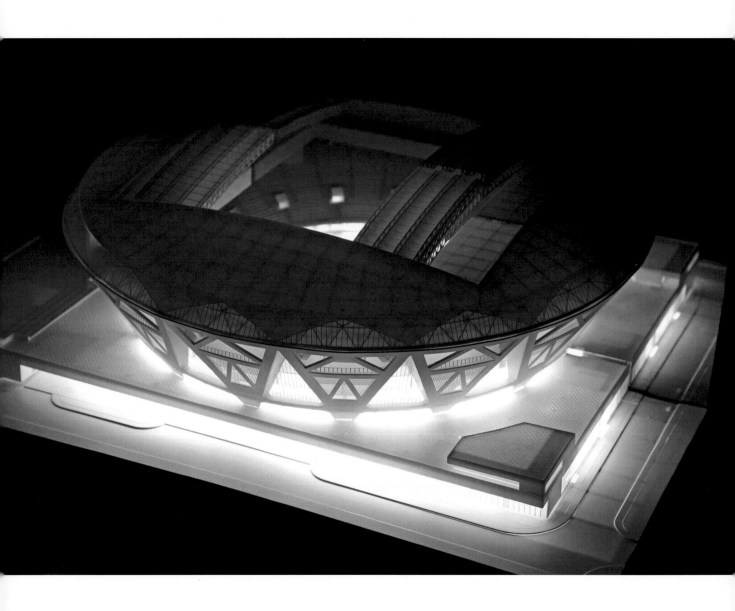

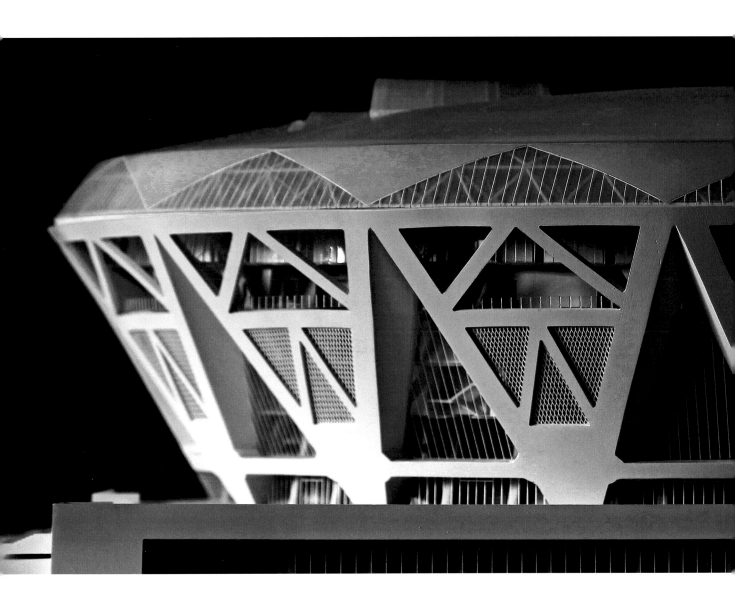

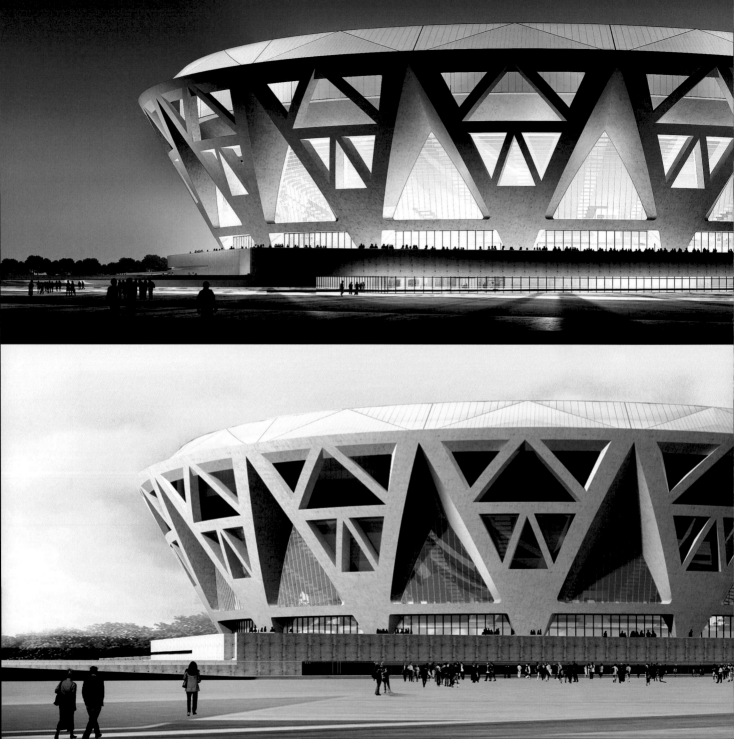

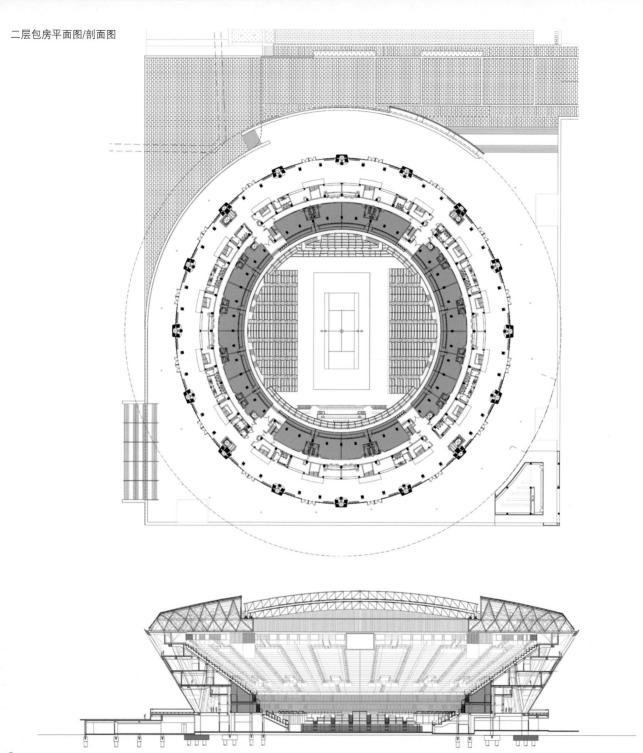

七层观景环廊平面图

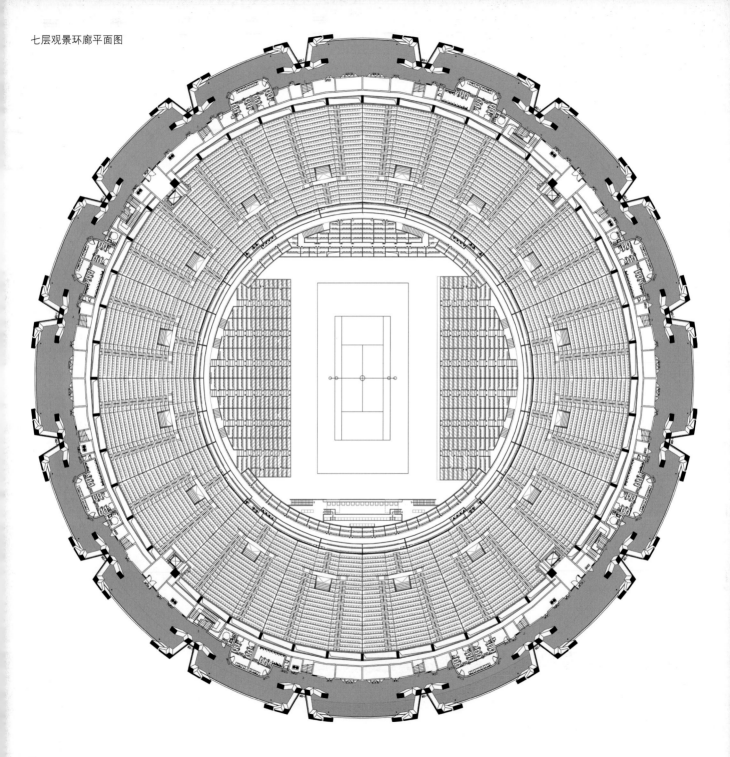

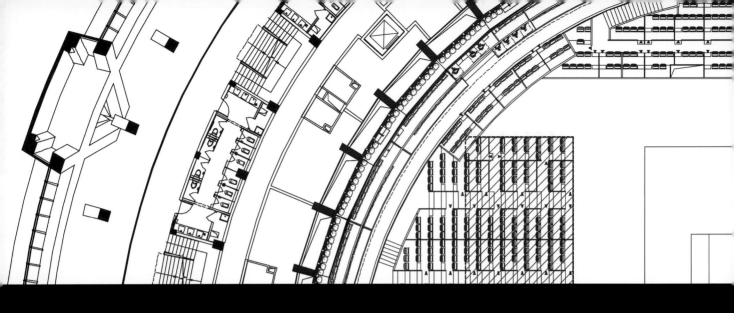

我们从与甲方沟通的过程中体会到，现在的建筑师应该避免两种心态。

一种是轻视甲方的意见，认为非专业人士没有发言权，从而忽视了很多可以改进设计的机会。这次政府对我们方案的调整就起到了非常积极正向的作用；我们感觉到，现在的甲方审美水平已经比十年前高了很多，对建筑师的想法更加宽容，有些甚至具有相当专业的水准。甲方开始更多地认可设计的优点，而不是一味地指手画脚。

另一种则是对甲方的意见言听计从，思考不足便急于执行。有时，非专业人士能够看出设计出了问题，但未必能准确地以专业语言表达出来，或是提出专业的解决方案。此时需要作为建筑师的我们通过分析、思考以及更加深入的沟通，将听到的意见转译成专业的语言，并找出真正的问题所在，然后去解决它。

——徐磊

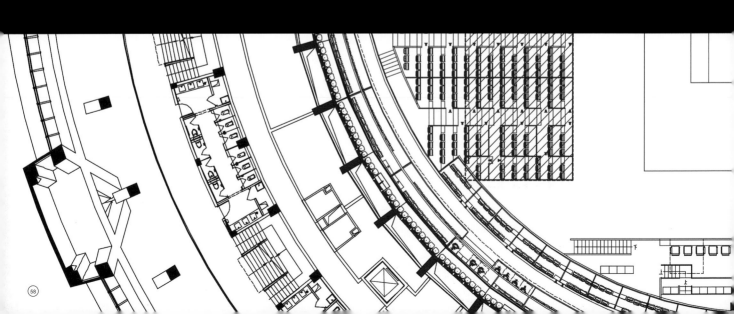

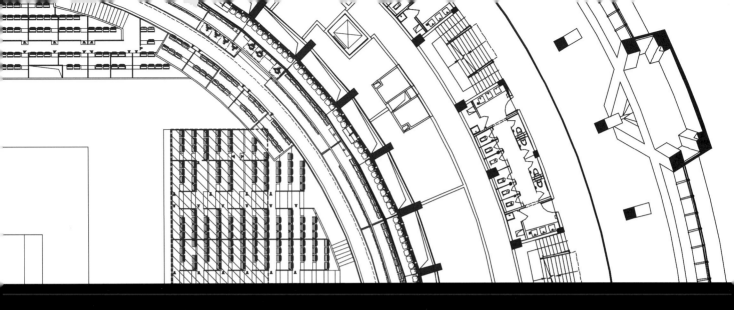

Architects should abandon the prejudice towards clients, which would make us miss chances of improvement. The government was very helpful in the modification process, and we felt that more and more clients were having better aesthetic appreciation and more tolerance in the negotiation with architects. They were beginning to appreciate the design instead of finding faults alone.

But we should also keep away from following clients' advice all the time. Sometimes the client knew there were problems, but was not able to express them in a professional way. This is when architects should focus on analysis, reflection and communication. Then we must interpret their advices into architectural language, and try to solve the problem with our expertise.

-- Xu Lei

秋天的工作：深化设计

Down to Details

建筑设计与建造的过程，需要综合所有外在条件和内部需求，进行全面的分析，归纳出关键矛盾，寻找最佳解决途径，对其利弊得失进行全面权衡，选择最适合的设计与建造策略，最终达到相对理想的结果。

The process of design and construction needs comprehensive analysis based on all the needs and conditions. Once the key point is fixed, we can start looking for the best solution both in the design and construction phase, which will lead to a comparatively ideal result.

技术设计的过程与策略
Process and Strategy of Technical Design

安澎 An Peng

摘要

国家网球馆的技术设计是在综合考虑相关法规、各方需求以及建筑内外空间形态等因素的基础上，寻求最优技术解决方案的过程，并非简单的深化和循规蹈矩的过程。在满足规范要求的基础上，综合各专业技术设计需求，维持方案设计理念精髓的同时，进行全面的审视、调整并完善设计，将技术设计全方位融入建筑方案深化设计，追求建筑设计在技术和艺术层面的高度协调统一。

Summary

The technical design of the tennis center is based on a thorough study on the related regulations, demands from different parties, and the space form inside and outside the archtitecture. The purpose is rather to find optimal problem solutions, but not to take a simple deepening and routine process. Besides following the technical rules while fulfiling different demands and keeping the essense of the design concept, we managed to conduct comprehensive inspection, modification, and improvement of the design, integrate the technical design into the architectural design on an overall basis, and achieve a high-level coordination and unity in art and technology.

跌宕起伏的投标过程尘埃落定，工作的重点自然转移到技术设计阶段，内部功能调整深化、专业配合、立面形式的结构可行性以及各专项设计也全面同步展开。

深化调整

在业主、使用方全面到位后，功能、造价控制等方面的要求也逐步明晰起来。

内部功能布局的深化、完善和调整工作贯穿技术设计的全程。结合业主、使用方赛时赛后以及体育工艺的要求，全面梳理内部功能分区，整合各层平面，优化平面布局，为各专业的技术设计创造良好条件。同时在确保维持原有形体的前提下，对内部的空间形态进行深化调整。

首层平面作为赛事组织、管理、运动员、新闻、贵宾等场馆基本功能区域，在梳理好各功能需求后，结合室外交通组织，进一步确定了各功能区的位置及各出入口的设置。并最终完成了深化调整。

二层平台以上部分，由于倒圆台外立面倾斜角度达60度，使得剖面的技术设计成为平面设计的前提。结合结构体系的深化调整以及机电系统方案，对各向剖面进行综合技术设计，据此重新确定各层平面适宜的层高和范围，在有限的空间内合理布置多种功能需求；同时最大限度利用看台与下方各层楼板夹角"灰空间"，实现各种管线的竖向及横向联系。通过各种技术设计手

段，最终圆满实现了各方的使用需求，而原有周围附属四层的功能布局也随之演化为八层。

双层包房——这是深化设计过程中影响较大的一个问题。根据以往中网赛事商业运作经验，包房的商业效果远大于普通看台。由于单层包房无法满足业主更多高品质包房及看台的需求，权衡之后，确定采用双层包房模式。而双层包房将导致上层看台进一步提高，与二层集散厅及观众卫生间的距离加大，并直接影响到上层看台的视角。经过各种利弊的权衡比较后，决定提高上层看台并减少部分上层看台的座椅数，优化楼梯形式及观众卫生间的设置，圆满实现了独特的双层包房设计。

卫生间——上层普通观众看台提升后，原设置在二层集散厅的普通观众卫生间与上层看台距离进一步加大，使得观众自上层看台出口到达观众卫生间的垂直距离超过10米，并经过7跑折返楼梯，影响到卫生间及二层集散厅的使用效率，降低了集散空间品质。于是，决定将普通观众卫生间由二层提高至集散厅上空四层位置，与看台出口有4.5米（三跑楼梯）的垂直距离，同时在卫生间外侧设置环形通廊，使得观众卫生间独立成区，大大提高了卫生间的服务效率，也为上层看台区提供了一条更便利的横向联系，减少了二层集散厅的交通压力，提升了普通看台的品质；同时将二层空出的普通卫生间的一些区

域改为观众服务用房，使得功能分区更加合理，集散厅的功能定位进一步得到明确，功能品质也得到大大提升。

七层主要作为观景平台使用，为了缓解上层看台后部的观众在疏散和卫生间的使用上的不便，确定完善七层室外观景平台的功能定位，增设部分观众卫生间，使其兼具安全疏散及观众服务的功能。

楼梯作为平面功能竖向联系的核心纽带，关系到消防安全，同时影响到平面布局的合理性及使用效率。作为深化调整的一项重点内容，依据规范对疏散宽度复核计算，优化楼梯间设置。由于集散厅空间紧张的特殊性，选择何种楼梯形式，也直接影响到集散厅的有效利用以及楼梯疏散的效率。

多方案权衡利弊后，确定将沿环向设置于集散厅内的16组各两跑起步梯段旋转90度后，合二为一集中压缩至相对紧凑的楼梯间内，使得集散厅内空间感觉更加完整，也节约出大量可用墙面完善布置观众服务用房。

技术设计阶段的后期，发现大量的观众通过三跑折返楼梯进入四层卫生间，距离远、路线曲折，而通过深化设计强化了七层作为外室环形观景平台及疏散安全区的功能后，上层看台也设置了16个出入口与之相联系，此时技术设计阶段已接

近尾声，专业间的影响还是蛮大的，权衡利弊之后，确定将上层看台的观众出入口下移到约五层的高度，将看台出入口与四层卫生间环廊之间的梯段调整为两跑直梯，使得卫生间和看台之间的联系更加密切、直接。

赛事期间，通过实际检验，环廊以及卫生间的使用效率都很高，观众如厕后等候比赛进场的时间很短，从而提高了观看质量。

同时，这一修改带来的意外收获也使得上层看台与二层集散厅之间减少了一个折返跑，实际距离也明显减少，从而弱化了双层包房带来的上层看台提升的不利影响。

专业配合

深化建筑功能布局的同时，各专业间的配合工作也全面展开。

结构设计——配合起始于方案投标，进入到技术设计阶段后，配合工作进一步深化。核心内容主要包括立面V形柱体系及屋面支撑体系实现。其中V形柱体系作为建筑立面构成的最重要的基本形式单元，也是结构体系的核心内容之一，如何在倒圆台的体型上实现这一设计理念，成为技术设计阶段的工作重点之一，并贯彻到施工配合阶段。我们利用三维设计手段，本着将复杂问题简化分解处理的原则，最终

实现了建筑结构的完美统一。施工阶段延续这一设计原则，坚持核心设计理念与经济合理的施工技术手段相结合，将倒圆台的建筑形体进一步简化为倒圆棱台的形式，并对V形单元模板规格、施工缝位置统一考虑，经过最终的实践，达到了理想的施工效果。

屋面支撑体系包括固定屋盖的支撑与开口、活动屋盖的形式及轨道系统。16组V形柱体系作为固定屋盖的支撑点，原本可以独立支撑固定屋盖。由于屋盖上的60米x70米的开洞，使得固定屋盖部分分成为外圆内方的形式，角部的宽度只有约10米，同时在开口的南北两端，还需要设置支撑活动屋盖的轨道梁系统，支撑固定屋盖的16组V形柱体系无法平均承担支撑作用。于是确定将轨道梁的支撑分隔开，在开洞的四角，分别设置4根柱子，起到支撑轨道梁的作用，由于直立柱子将穿越观众集散厅、各楼层以及观众大厅，4根柱子的大小、位置对平面的影响重大。权衡利弊得失，确定调整建筑平面布局，因势利导，利用4根大柱子位置，布置电梯及设备管井，最终实现了合理结构体系与优化平面布局的完美结合。

机电设计——与建筑的形体密切相关，为解决用地局促以及室外观众集散平台问题采用的倒圆台建筑形体，立面60度的倾斜角与观众看

台之间形成了狭小的倾斜空间，各种功能用房均布置在这个局促的空间内。在增加了一层包房及四层的卫生间后，各层的层高也异常紧张。种种制约条件，为机电设备的竖井设置、管线综合均带来很大的困难。通过对各部位空间形态的深入分析，我们决定挖掘看台下方与各层内廊之间区域的潜力，这些区域可以说高高低低、时有时无，且上下错位，利用的难度可想而知。设计过程中，我们坚持采用空间利用的最大化原则，对机电设备管线的路径，采取各种办法，巧妙利用现有建筑"无效"灰空间，使"无效"灰空间的利用和改造充分统一，在实现管线综合的同时，提升了室内空间的品质。

专项设计——除了通常的技术设计内容外，国家网球馆还包含了多项专项技术设计工作，如声学、节能、活动屋盖、体育工艺、消防性能化等。在技术设计阶段，相关的专项设计也同步进行，并由我院进行总体协调管理工作，由于各专项单位工作方式和立场的差异，在处理问题的方式上也难免产生矛盾，一路走来，冲突和妥协也一直伴随项目直至完工。■

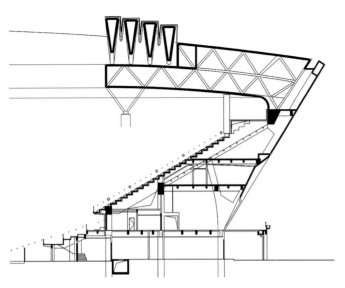

四层功能布局剖面（方案阶段）

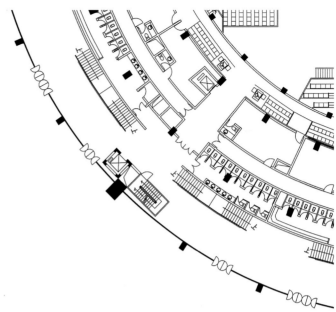

集散厅内起步梯段（方案阶段）

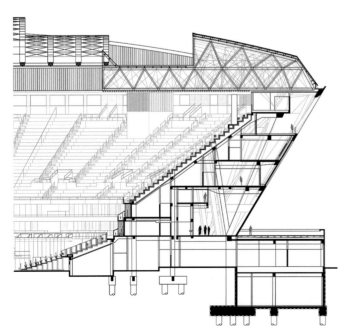

八层功能布局剖面（技术阶段）

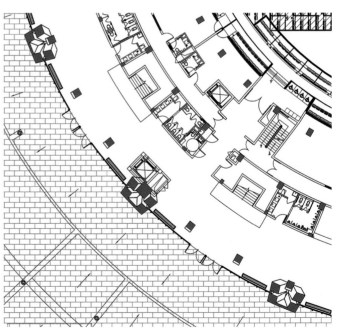

调整后集散厅内起步梯段（技术阶段）

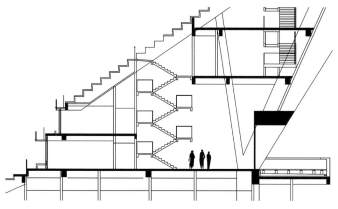

16组上层看台观众楼梯剖面（技术阶段前期）

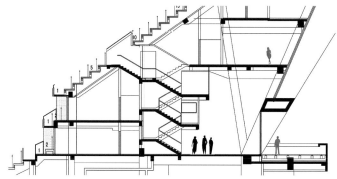

16组上层看台观众楼梯剖面（技术阶段后期）

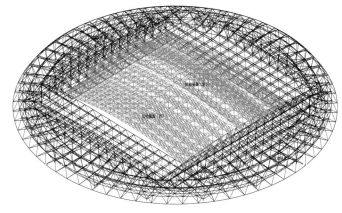

屋盖结构三维透视图——活动屋盖全闭状态

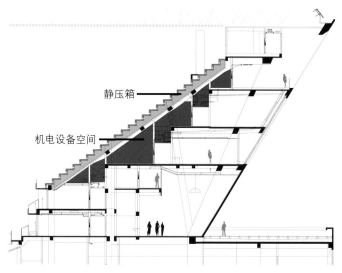

静压箱

机电设备空间

"无效"灰空间的利用

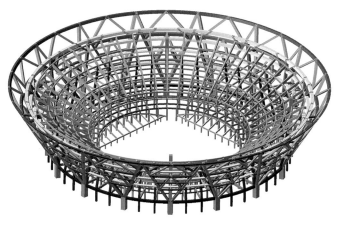

主体钢结构模型

表达真实结构
Express True Structure

高庆磊 Gao Qinglei

摘要

展现结构之美是新馆设计中非常重要的手法，利用结构构件组成具有韵律感、力量感的单元形式，材质的真实性与结构构件产生的各种形式均被利用于塑造室内外的空间，三维设计对空间塑造的重要性也不可小觑。

Summary

Presenting the beauty of structure is a very important approach in the design of the new arena. Rhythmic and powerful unit form is comprised of the structural members. The real quality of the material and different forms created by the structural members are all turned into elements to form the space indoors and outdoors. 3D technique also plays an important role in creating the space.

建筑化的结构

建筑设计是门综合的工程学，优美的形体需要合理的结构来实现。我们在中网新馆设计之初将结构作为建筑表现的重要手段，利用结构构件着重表现建筑的力量感与韵律感，这就要将结构设计与建筑设计完全紧密地结合起来。

我们在形体表现手法上的看法是比较统一的，利用混凝土的厚重感配合整体造型。V字造型既是形体上统括所有建筑语言的核心，又是结构受力的主要形式，我们有意识地将结构构件作为建筑语言的元素。不做过多的修饰是对建筑师乃至结构工程师更大的挑战，外露的结构构件需要准确地契合建筑形式。

最初的阶段，GRC混凝土挂板也在我们的备选范围之内，首先是由于混凝土外观效果较好，其次是由于预制构件比现浇混凝土难度低效果好，但我们最终还是没有选择它，原因是其不能展现真正的结构感，混凝土材质的质感不够自然。最终我们还是选择利用结构构件作为外立面元素这一看似简单的手法。在深化时，建筑师与结构工程师已经模糊了专业的界限，彼此为对方提供着最大的可能性来完成各自的专业设计。

混凝土结构与单元化

我们在确定主体结构时，希望它既能与建筑的形式很好地结合起来，又能具有清晰的逻辑，外立面的连续折线比较切合体型，又能通过折线划分出的虚实对比体现出体量感。在整个造型上，新馆的立面韵律与莲花球场进行了呼应，更加的流畅，逻辑感也更强了。

空间体系是一种互相支撑的形式，比较稳定，但结构设计难度大，构件的高度倾斜也造成了钢骨混凝土等节点的设计困难。建筑与结构两专业在投标阶段就开始密切配合，对于屋盖以下的钢筋混凝土部分形成了一个比较可行的结构方案。之后的调整都是在保证结构体系不变的情况下进行的，这种连续感的支撑体系不仅能形成视觉上的韵律感，还能形成一定的跳跃感，同时又能给人以稳定的感受。

大厅V形柱的内V斜柱在满足结构需求的同时，也平衡了建筑造型向外展的趋势，对塑造空间的向心性产生了很大作用，给人以内聚、富有韵律的感觉，这也是建筑设计结合结构设计产生的空间效果。钢骨混凝土做法也是很多项目中少见的，是先建立钢骨，在周围搭模板，然后再浇入混凝土——这种做法增加了V形柱的抗扭能力。

组合V形柱6.00米钢骨混凝土的节点部分，由底部一根柱分成五根，结构构件复杂，包覆混凝土施工难度大，效果不突出。我们让室外的钢骨节点直接暴露在外，外露金属色，直接表达结构。而幕墙以内的室内部分，结合室内效果做了清水混凝土效果的处理。整体看来，这个暴露的节点增加了视觉的细节。

清水混凝土

我们利用清水混凝土效果渲染结构构件，使其与建筑气氛结合得更好，将它修饰得更加完善，同时也与莲花球场在质感上寻找到了更多的呼应。清水混凝土对设计和施工的要求非常严格，一是清水混凝土与其他材质的交界处理较难，二是清水效果会放大施工的误差，这对模板平整度及骨料的均匀度要求极高。

经过室内空间效果的设计，我们决定在室内公共空间展示清水混凝土效果，也正是这样，我们很好地将外立面的质感平顺地过渡到室内，从具有力量的浑厚感逐渐过渡到纯净的体积感。

室内的柱子，刚脱模的时候效果很好，但打磨之后效果大打折扣。

钢结构与活动屋盖

钢结构固定屋盖建立在四个巨柱上，电梯也含在巨柱内。巨柱承托着横向的轨道，以及固定屋盖的荷载。每一组组合柱由五根柱子组成，内V和向内倾斜的一根柱子支撑看台，外V支撑屋盖，内V和外V之间的环梁"箍"出了倒圆台的形状。固定屋盖是双层网架系统，支撑活动屋盖的是下层网架，构成屋面外轮廓的是上层网架。这样的双层网架系统还是比较少见的。内外V形柱都是抗侧力体系，通过环梁、内外V之间的拉梁形成一套结构体系。四棵大柱子支撑整个网架，位于开口的四角——受力的关键点。屋面向东西向开启，南北轴70米，东西轴60米，保证投下的阴影不会影响到比赛场地。

在屋盖形式方面，我们也面临着多种选择：在推拉折叠式与推拉平移式之间，我们最终选择了最切实可行、易于使用与维护的推拉平移式方案。与温网的开启方式相比，它不但可靠性强，且维护费用大大降低，故障率也低于其他形式。我们选择的活动屋盖形式最经典、

简单，基本没有花哨的东西，但在本案中遇到的问题是：以往的活动屋盖都是建立在刚性轨道上，而网球馆的金属屋面是双层网架，轨道位于柔性的中悬杆上，温度的变化、活荷载的移动都会导致轨道的变形，这种在大跨度上做直行轨道的先例并不多，也成了后期技术设计的一个难题。

活动屋盖采用了预应力拱桁架，下方悬挂吸音膜。四榀桁架开启的时候，两侧有停留舱及轨道梁。通过下方的电机传动，控制屋盖的开启与闭合。

经过共同努力，我们不但在新馆设计中实现了亚洲最大的网球开合屋盖设计，且成功地将结构元素与建筑语言合二为一，创造了名副其实的"真结构"建筑。

三维设计的重要性

我们在方案设计阶段就开始逐步使用三维软件进行辅助设计，甚至是指导整体的方案设计。

中网比赛一般在下午4点开始比赛，此时的眩光可能会影响比赛，我们利用日光分析，将实际赛事时间与平时使用时的光线变化进行比较，同时还考虑了屋架高度对光线射入范围的影响，之后经过修正最终确认了开启屋面的尺寸。继鸟巢之后，中网的设计也使用了CATIA作为三维设计辅助软件，CATIA除了曲面造型能力强以外，直观的建筑数据参数化管理也非常有效，各部分构件相互关联，也就是说修改某一个数据，与其相关的模型构件均相应修改，效果直接。新馆立面及公共部分的造型均是通过CATIA来辅助完成的，曲面空间通过理性的组织，在整体框架下有效完成。■

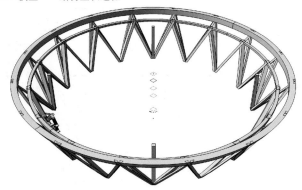
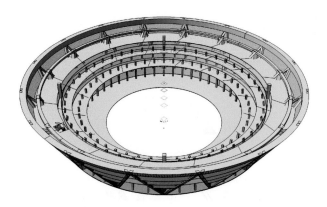

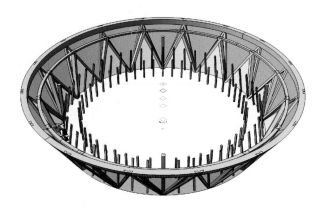

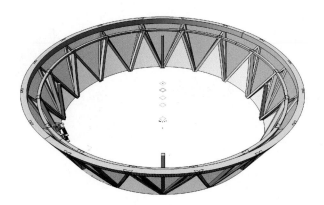

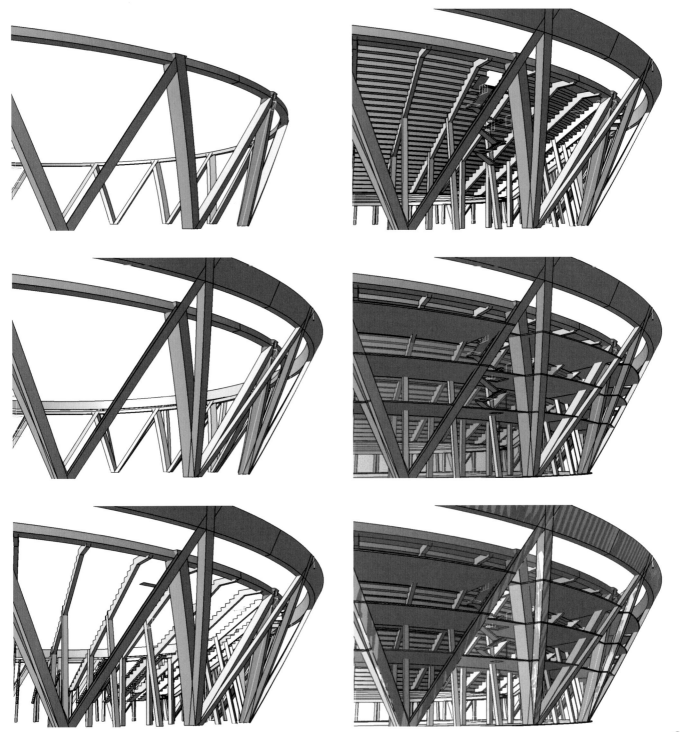

看台

静压箱

静压箱

排烟管

五层储藏间

空调水管

弱电

新风口

配电箱

消防喷洒环管

空调水管

弱电

强电

四层机房

走道

走道

三层包房

空调水管

风盘

消防喷头

弱电

排烟管

强电

空调水管

二层包房

售卖

消防喷洒环管

走道

观众疏散厅

摘要

管线综合，一要立体地思考和分析问题，二要算计每一处关键部位的空间，三要利用无效空间挤入一些设备管道，只有做到这三点，才能主动地控制室内空间的净高及界面的完整度。

Summary

Pipeline coordination requires consideration in a series of aspects: firstly, the issues need to be analyzed and studied comprehensively; secondly, the space in every key location needs to be calculated; thirdly, the value of wasted space is generated by inserting some equipment pipes. Only with those considerations, we can take the control over the clear height of the interior space and the integrity of the surfaces.

平面即剖面

国家网球馆的形态，决定了它的管线综合注定与其他方方正正的项目不同。由于基地的限制，网球馆底盘小，逐渐向上变大，呈倒圆台形。这样的形态导致了每一层的平面大小都不一样，在绘制平面图的时候，这点也就成了需要格外注意的问题。我们知道，平面图其实也是一种剖面图，在这个各层平面逐渐放大的项目中，这一点尤其要时刻铭记于心——每一层平面都以窗台标高为剖切位置，获取准确的尺寸。而且由于许多空间都是倾斜向上的，因此留给管线的有效空间并没有平面里看上去的那么大，需要以立体的思维来思考空间的使用问题，同时也加大了各专业合作的难度——需要在平面、剖面上同时进行管线的排布。比如，设备专业画吊顶时，就要拿它上一层的平面来画，这对每个人都提出了更高的要求，每个人的心中都要时刻保持着立体思考的意识。一般的管线综合只需几天，但我们这个项目，单是管线综合就用了两周的时间，可见这个项目对于管线综合是个不小的挑战。

在建筑的七层，为了防止飘洒进来的雨水无处排放，需要在室内设置地漏，由于七层的平面外轮廓比六层要大，因此地漏的位置成了一个需要探讨的问题。如果水管暴露在六层的围护结构之外，可能会出现结冰的状况，因此不能像常规做法一样将地漏设置在檐沟处，而是必须保证地漏上下的空间都在室内，

找坡方式也与以往的不同。这个例子再次强调了"平面也是剖面"的观念，设计师必须"立体"地思考所有问题，而不能被惯性思维限制，这样的理念在所有上下层平面不完全对正的项目中都非常重要。

见缝插针

我们用CATIA作为辅助手段切了很多的剖面，以便更加精确地进行管线排布。一层和六层有静压箱，管线从梁与其他构件之间的缝隙进入静压箱，尽可能高效率地运用了每一寸空间。在每层之间对管线进行联系的，是一些斜顶的储藏间。一些形成斜角的空间，我们也充分利用了起来。

消火栓有很多立管，且必须是竖直走向。但在这个项目中，我们尽量减少了立管。各层的环管尽量进行合并，或是走斜向，避免走立管、侵占空间。必须要走立管的地方，我们利用了四处直上直下的电梯井周边的空间。

由此可见，对于异型室内空间的项目，建筑师必须协助各专业将各种设备管线"挤"入各种缝或消极空间内，尽可能地保证室内空间的品质。

净高保卫战

馆内设有两层空中包房，为了不影响上方看台的视线角度，二层层高3.25米。我们定的室内吊顶高度是

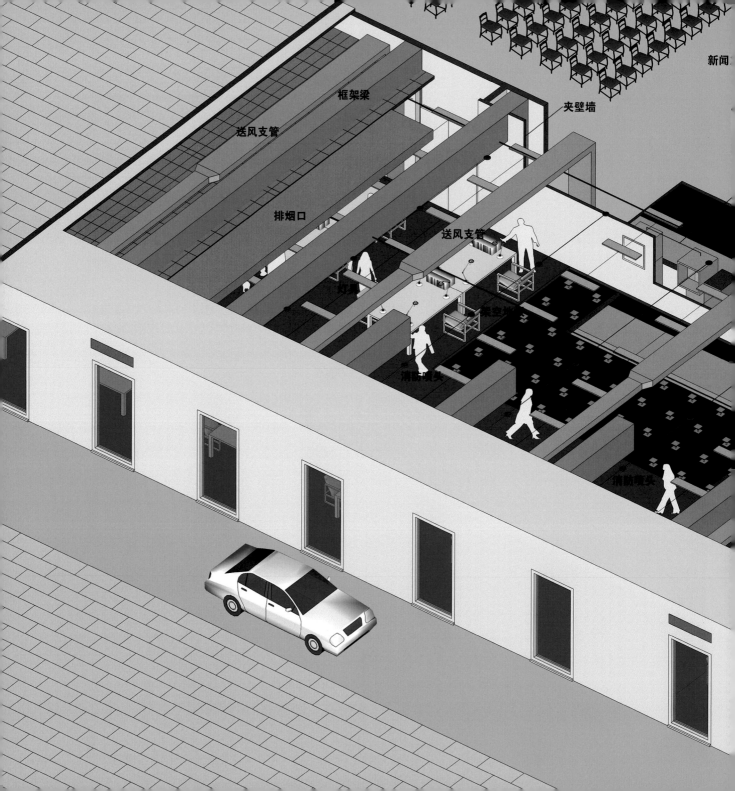

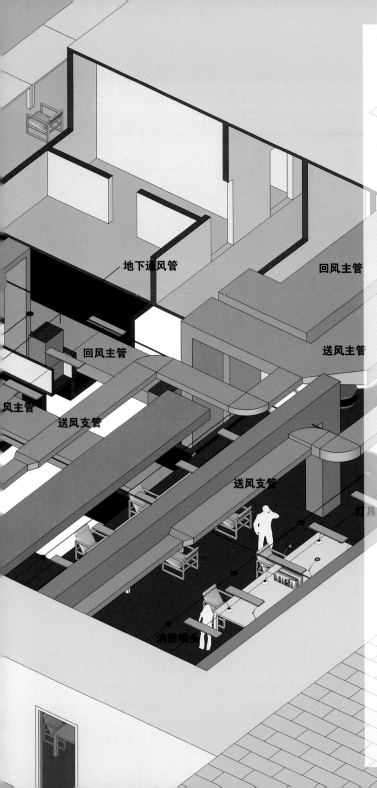

地下通风管
回风主管
回风主管
送风主管
送风支管
风主管
送风支管
灯具
消防喷头

2.5米，局部2.3米。除去梁及楼面高度0.55米后，在梁下可用于设备的空间仅0.2米~0.4米高，我们需要设置包括新风、排烟、空调水管、消火栓、喷洒等一系列的管道。1.8米宽的走廊如果排下全部的管道，连2.1米的吊顶高度都难以满足。最后我们决定，不在二楼的走廊里水平布置所有管道，新风采用垂直布置，直接在房间内侧壁上开百叶，新风主管布置在一层吊顶内，做小立管直接进入各个包房，在二、三层包房内直接通过设置百叶向房间内送风——这并非常规做法，但在空间不足的情况下，必须动脑筋将管线往其他的地方排布。起初消防水管也是设计成穿梁的——由于平面为圆形，梁呈放射性布置，而水管等硬质管道无法在梁上精确开洞，最后只能将空调水管平移至包房内，将二层的消火栓环管下移至一层吊顶，从而将二层走廊梁下的设备管道有效控制在0.3米高度内，保证了走廊2.3米的净高。还有很多具体的施工细节无法在图面上表达清楚，也花了很多时间在现场向施工方交代，好在施工队的技术力量非常强大，帮助我们实现了很多的想法。

首层媒体大厅的管线综合也是设计中的一个难点。因为对于这个对外使用的大空间，我们需要保证3米的净高，而梁下净高只有3.3米，服务于这个空间的所有风管，水管、电缆桥架是不可能在0.3米的空间内排下的。这就对管线综合提出了巨大的挑战，甚至成了一个看似不可能的任务。此时结构已经无法再降低梁高了，于是我们采取了夹壁墙的方式，在墙两侧的地面上设置管沟，分别用于容纳送风管及排风管；风管从夹壁墙中向上，通过变截面等方式，避免与梁交叉，在梁间的空间穿行，通过支管再对室内进行送风、排风，避免了占用梁下空间。地下管沟加夹壁墙的这种做法并非常规做法，也会给施工方和暖通专业增加一定的工作量，但我们通过仔细的计算与耐心的沟

通，从而保证了较为舒适的室内净高。

心得：多动脑筋多负责

我们做管线综合的思路大体是这样：首先根据经验优化管井，对吊顶净高有一定的预判，再将走廊里的管线布置方式进行最大的简化、优化——设备专业提出的空间条件，我们还要进行再一次的分析，看看在常规做法之外，还有没有可节约的空间，这一点建筑专业往往应该比设备专业更清楚；其次立体地思考和分析问题，算计每一处关键部位的空间，有效利用无效空间挤入一些设备管道，做到这几点，不仅能主动地控制室内空间净高，还会让主要室内空间看上去更加干净简洁。

回想起来，如果我们在媒体大厅的问题上不坚持3米净高、使用传统的管线综合方法、说服甲方接受更低的净高，也许一样可以把这个项目做完，而且不必花费如此多的时间。但是，出于对高品质空间的追求，以及对使用者负责的态度，我们还是开动脑筋尽自己所能，想了很多很多的办法，争取问心无愧地做好这个建筑。虽然从经验上来说，我们有很多传统、快速的解决问题的方法，但在像国家网球馆这样的项目中，灵活的思维至关重要。我们从这些解决问题的过程中也可以看到，建筑师负有极其重要的责任——不仅在本专业的决策范围内，在涉及多专业时，也要做好权衡利弊的工作，以适度的坚持对项目负责，在与设备专业、业主、厂家等的配合过程中，控制好自己可以占据主动的那一部分——担负起对建筑、使用者、业主以及自己的责任。■

复杂问题简单化
Simplify the Complexity

刘恒 Liu Heng

摘要

利用逻辑的思维方式，解析底层复杂的内部功能用房。总体态势映射布局，双环系统形成框架，类型化的内容塑造区块，内部的场地决定功能与流线，细节的深化进一步丰富总体的完整。最终形成了从整体到局部，再由局部到整体的生成过程。

Summary

This article takes the logical approach to examine the complex internal function rooms of the first floor. The overall state of the site is reflected in the plan. A double-ring system forms the framework. Blocks are divided by categorizing similar contents. The internal fields determine functions and flow lines. The completion of the entirety is enriched by the deepening over the details. As a result, the formation process is created between the whole and part.

总体态势决定使用的方向

圆与方：建筑周边的场地、路网都是方母题的；方案之初呼应周边建筑形态，将建筑平面的主体部分设计为圆形。于是底层形成了以圆形平面为核心、方形平面与之交错的态势，决定了基地的整体流线排布。

高与低：为了在外部环境上与原有中央大平台良好对接，使得底层可用的空间高度严重不足。而又因为网球馆所有的内部功能都被限定在大平台以下，为了适应场地的高度走向，底层的走廊采用坡道的形式，串接不同的标高与功能区域。

小与大：球馆是建造在原有训练场地的位置上，建筑用地的面积十分紧张，我们将建筑基底做成圆形，利用大平台下空间扩展内部功能；主体建筑的体量向上逐渐变大，呈倒圆台形，在小场地创造更多更大的空间。

主要的问题都有了对策，但针对具体而复杂的内部功能还需要有一套清晰的生成逻辑进行串接。

框架的逻辑——双层环状系统

为了把问题简化，明确思维逻辑，在设计的研究中，结合场地、形态等因素，我们最终选用了双层环状系统。环状的优点是能够串接起所有的功能区，双层环状可将更多功能通过水平环状的切割，进行明确而有效的分区。起初的方案也考虑过不完全做双环，局部设置矩形大空间的做法。但经过分析，发现

一些不该交叉的流线还是会出现互相影响的情况，因此最后还是将双环的概念彻底化，连续贯穿整个平面的排布，此时我们的思路豁然开朗，一切变得有序了。

类型化——功能还是工艺？

内部的使用要求真的很复杂，似乎是无数根线交织在一起，剪不断理还乱，总不能无规律地穿糖葫芦吧。针对这些，我们应对的策略是重新进行逻辑的归类，使之简化。从使用的内容是偏功能性还是偏工艺性进行分类，借助双环系统，在外环布置与外部环境有关的功能，如运动员、裁判员、各类工作人员、球童、司线等，便于内外的联系。底层内环主要对接场地相关的工艺内容，如在看台下方的内环里去布置诸多的转播用房、摄像机房、采访区、设备类机房等。

内部场地决定论——功能细分原则

在功能内容进一步的划分中，依旧是内容众多，影响建筑布局的因素同样很多。于是我们必须要分析起主要决定因素又是谁？结果是内部场地起到了决定性的作用。裁判必须在西侧面向东边，防止西晒阻碍裁判对比赛的观察；运动员面对裁判入场，从对应的另一侧退场；贵宾区域设在南侧，保证观赛不受阳光的干扰；球童和司线需与运动员从不同入口入场……这些方向大体

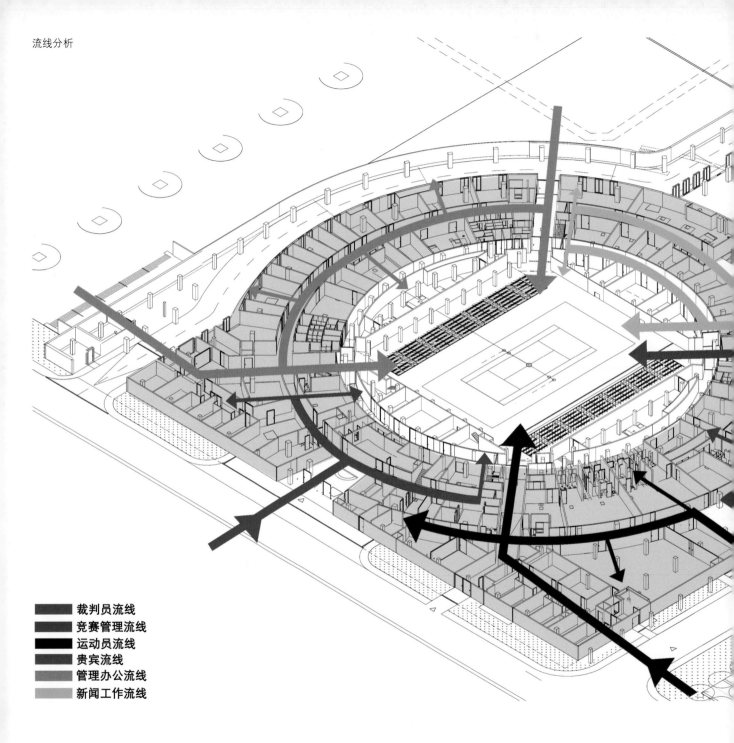

裁判员流线
竞赛管理流线
运动员流线
贵宾流线
管理办公流线
新闻工作流线

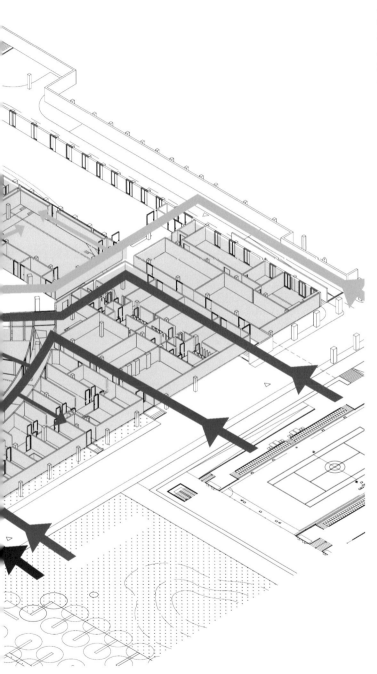

上就决定了各个功能区的方位。我们沿着四个对角设置了正对内部场地的人员主通道，功能区也与入场的通道进行对接，如媒体大厅、运动员区域、裁判区域都与外部入场的通道一一对应。同时，也给重要的运动员设置了单独的出入口，以及便捷进入场地的通道。后勤的内环除了满足工艺要求外，也承担了人员回流的功能。如此，流线的主干就很清晰了。

观众人流是围绕场地层层布置。顶层起监视功能的环廊也呈围绕性布置，可以说"环"的概念是贯穿在整个建筑中的。

"打个补丁"——消防的故事

因为内部场地为室内空间，所以环状在功能上虽然具有优势，却具有着消防上与生俱来的劣势，尤其是内环的房间，疏散距离很难满足。通过消防论证，设置排风、排烟等措施，在对角的位置设置两条安全通道，作为消防上的安全区域，从而使所有房间达到安全的疏散要求。

重要的花絮——三维化的管线综合

首层管线极多，层高又较为紧张，有些部分仅为3.75米，最后我们将管线综合的净高定为3米。传统的平层排布的管线综合方法很难实现

这一点，因此这个项目的管线排布也颇费心思。我们在管线综合中切了许许多多的剖面，结合二维的方式进行管线在三维空间上的综合，充分利用吊顶空间、地面面层下的管廊、夹壁墙等各种层面的空间，使管线在三维空间中相互交叉、咬合，并且找到了空间进行巧妙隐藏，保证了视觉效果。

例如贵宾区的贵宾需要直接上二楼，不能与其他人流交叉，于是做了一个立体交叉的特殊楼梯，直接通向主席台。因为这部楼梯的存在，很多管线都必须绕开，只留管径较小的消防管穿梁通过。在媒体接待大厅地面下铺设暖通管廊，利用夹壁墙进行送回风，减少吊顶高度的压力，增加室内净高。

回顾一下

底层的功能和工艺的布置内容多样而又繁杂，讲起来可能比较枯燥，缺乏趣味，但这部分又是场馆中极其重要的一部分。对这种类型问题的处理，希望能和大家一起探讨解决问题的方式方法，把复杂的问题简单化，在逻辑有序的基础上创造丰富变幻的建筑空间。■

一层平面功能分区

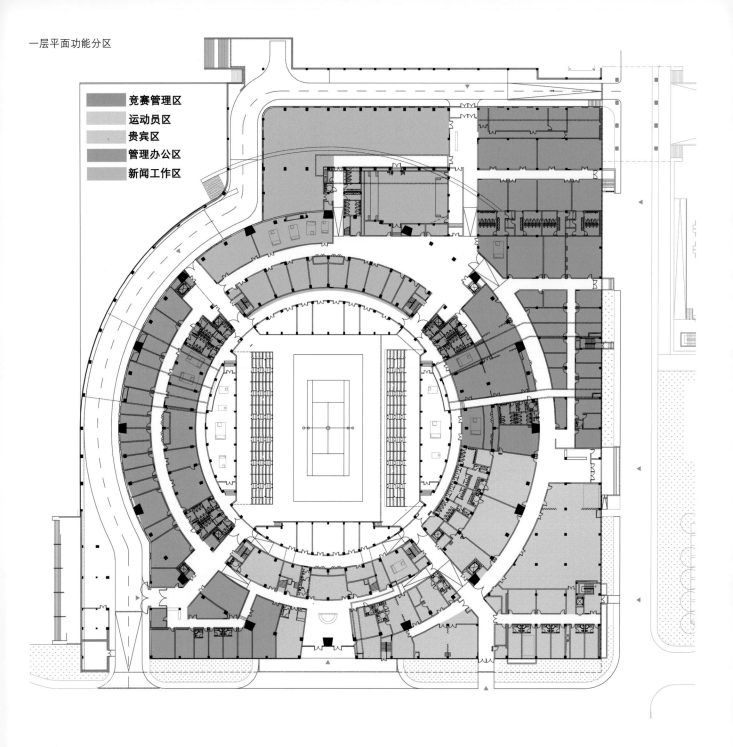

竞赛管理区
运动员区
贵宾区
管理办公区
新闻工作区

内外环流线分区

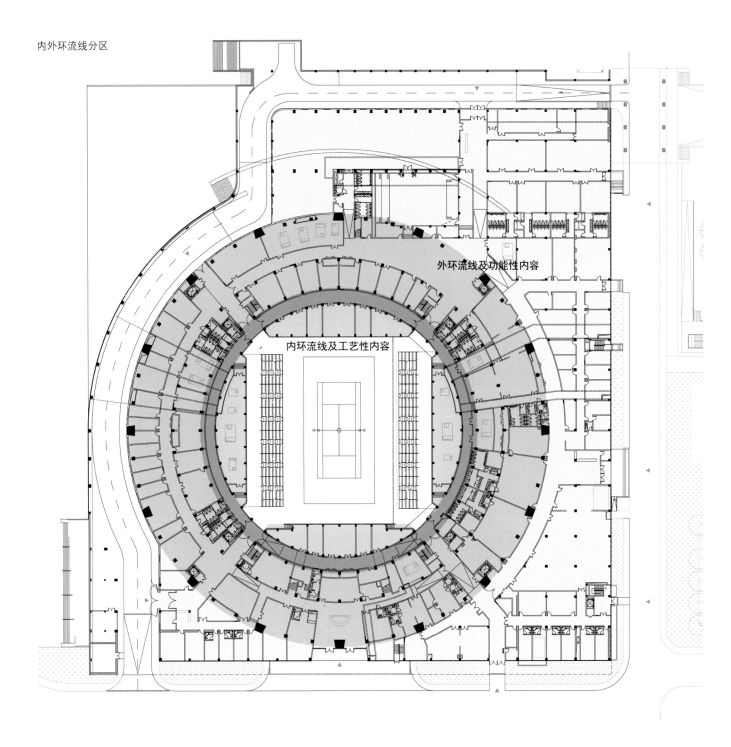

外环流线及功能性内容

内环流线及工艺性内容

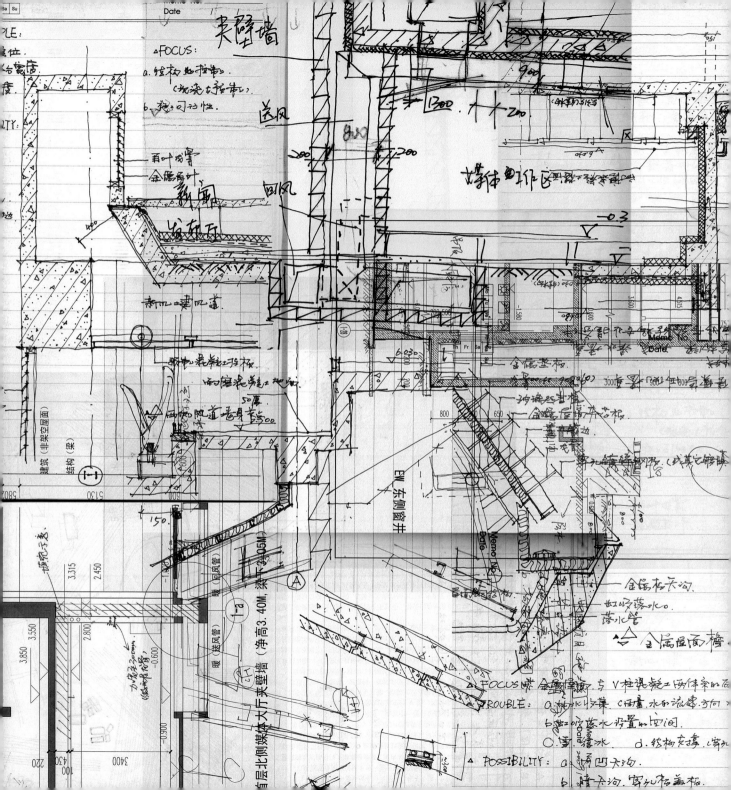

摘要

中网现场的墙身问题是一个见招拆招的过程，在此挑选四处，对遇到问题解决问题的过程作简单描述。现场一方面是设计的实现，一方面是对设计的检验。对由现场引发的一些有关深入创作层面的思考，作简单整理，以期在将来的创作中未雨绸缪。

Summary

The process of solving the problems for the wall construction of the tennis center involved a series of actions adapting to requirements of the on-site occasions. This article selects 4 examples to elaborate the problem-solving process. On one hand, the works carried out on site are to realize the design; and on the other hand, they also function as inspection on the original design. Resulted from the on-site observations, some in-depth thinking about the design is summerized in the article as some forethought for future projects.

"拆招"

中网墙身的现场控制，是遇到问题后，一个个地加以解决，是一个"见招拆招"的过程，总结下来大致有四招：换工法、变材料、改形式、调构造。

2009年8月底，又一个"三边"工程。设计还没有完成，房子已经开始建造。"三边"，是我们这个时代特有的有趣现象。当我们还在为提交最终施工图而点灯熬油的时候，中网现场早已开始打桩施工了。北京的夏季多雨，雨季施工，总会有这样那样的问题。原方案中地下室防水采取了SBS4MM+4MM自粘式柔性卷材防水方式。自粘式施工需要在干燥环境下进行，在潮湿环境下会受潮，影响施工质量。经过与施工方的讨论，决定由自粘式改为不受潮湿环境影响的热熔式施工，虽工艺上繁琐一些，但避免了雨季潮湿给施工带来的不便，并保证了工期。此谓"换工法"。

球馆上部是一个由16组V形柱构成的倒圆台形体量，放置在一个6米标高的平台上，新的网球馆通过这一平台与原有的莲花球馆相联系。在看向球馆时，为得到稳定协调的视觉感受，平台部分体量要与上部倒圆台部分体量相协调。设计中通过平台栏板翻起并整体现浇的方式将平台体量提示出来，同时借助栏板翻边下的空间实现了平台照明以及屋面泛水收头等功能性需求。此外，翻边下空间还设置了一段通风百叶，用于解决内侧空调机房排烟。西侧的平台栏板外侧，自室外地坪往上至平台标高下，也设置了一段自然通风百叶，用于内部车道的自然通风。在最初的设计中，考虑采用预制混凝土百叶，以保证栏板外界面材料的统一。在施工的过程中，我们发现预制混凝土百叶在施工工艺上较为复杂，完成度不好控制，且综合造价较高。综合权衡后改为金属百叶，作浅灰色氟碳喷涂，形状上作折边。最终完成后，色泽形式与清水混凝土几乎一致，不知情者甚至会以为这就是混凝土百叶。此谓"变材料"。在现场，灵活变通的调整，往往保证了功能与工艺上的"真实"。

V形柱是构成球馆上部体量的基本单元，根部为钢骨混凝土，自下而上逐渐放大。V形柱中间几个三角形洞口，为金属格栅，深灰色氟碳喷涂；两组V形柱之间三角形区域为玻璃幕墙，竖明横隐。洞口中金属格栅的形式，最初的考虑为菱形。幕墙公司介入，发现这种形式画在图上没有什么问题，但实际实现起来需要在菱形的中间增加横向支撑，以保证完成面的平整度。由此提出三角形的格栅形式，整个格栅由六向雪花形基本件组合而成。再与幕墙公司沟通，相互插接的方式理论上成立但实际操作起来时，插接部位难以保证平整度。经过反复讨论并综合考虑工期与造价的因素，最终格栅形式简化为竖向线条，将横向支撑内移，隐藏至竖向格栅之后。这样的方式在视觉上虽不如前两种细腻，但从最后的完成

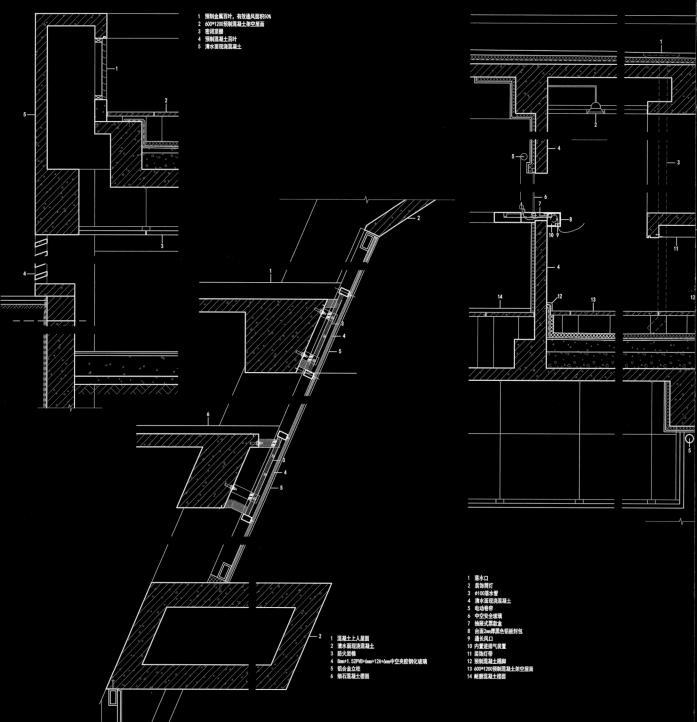

1 预制金属百叶，有效通风面积50%
2 600*1200预制混凝土架空屋面
3 密闭顶棚
4 预制混凝土百叶
5 清水面现浇混凝土

1 混凝土上人屋面
2 清水面现浇混凝土
3 防火岩棉
4 8mm+1.52PVB+6mm+12A+6mm中空夹胶钢化玻璃
5 铝合金立柱
6 细石混凝土楼面

1 落水口
2 装饰筒灯
3 Φ100落水管
4 清水面现浇混凝土
5 电动卷帘
6 中空安全玻璃
7 抽屉式票款盒
8 台面2mm厚黑色铝板封包
9 通长风口
10 内置进排气装置
11 装饰灯带
12 预制混凝土踢脚
13 600*1200预制混凝土架空屋面
14 耐磨混凝土楼面

效果看，保证了工艺精度和平整度。此谓"改形式"。

中网场内包房的设置与一般球馆不太一样。球馆一般情况下设置一层环形包房，业主出于商业赛事等因素的考虑，要求设置两层环形包房，这为视线计算及看台升起提出了更高的要求。为保证看台视线的同时尽量压缩高度，设计中将包房层结构做薄，去掉了边梁。在施工时，为了不占栏板后环形走道的宽度以保证比赛时观众的疏散畅通，给预制栏板的安装带来了一定难度。有关这个构造，我们与预制看台厂家的工程师进行了反复沟通，对各种构造措施作了充分的比较研究，最终决定在预制栏板上预留T形槽，并设计一个T形金属卡扣，将预制板固定在现浇看台板上，既不占走道宽度，又确保了栏板与现浇板的牢固连接。此谓"调构造"。在施工中，总包方及预制看台等厂家常常能在解决问题的过程中提出一些好的建议，各方的共同努力对建筑的完成度很重要。

"绸缪"

以上所说，基本上是在详细设计层面通过构造设计的调整实现对现场的控制。除此以外，中网现场的经验还引发了一些有关技术设计过程中有预见性的再创作的思考。可以说，深入的再创作对现场的控制甚至更有效，谓之"未雨绸缪"。
形式逻辑与建造逻辑相一致。这要说到有关檐口设计的一个意外收获。一开始的节点试图追求金属屋面与混凝土V形柱的无缝对接，实现形式上的绝对"干净"。伴随而来的材料交接、雨水收集，以及由屋面角度带来的结冰坠落等一系列的问题，让我们放弃了这个最初的想法，最后采用金属屋面内收的常规做法。等到球馆实际完成后，我们发现，"藏"不如"露"。一条非常明确的清水混凝土檐口，表达了更为"真实"的形体关系和构造逻辑。

材料表达对应特定形式。混凝土、玻璃、金属、砖等这些不同的材料，应该有属于它们自己的形式。这样的形式应该最符合材料特性，并能充分发挥材料自身的表现力。例如混凝土的体积、力量感、厚度是表达混凝土不可缺少的；对于金属材料的工业、轻盈感，节点的表达就尤为重要。虽然不必想着法儿地达到弗兰普敦有关建构逻辑的苛求，但金属百叶可以以自己的面貌出现，不必伪装，有时整体的协调不必通过材料的一致才能实现。

发挥工业潜力。在中国，工业与后工业几乎同时到来，让人应接不暇。我们还在犹豫是否脱离了农业社会，时代已经宣告信息社会来了。作为建筑师，在设计中对工业潜力更好地挖掘与发挥，可以带来很多好处，如对现场的有效控制，施工效率的提高和周期的缩减，以及在油价和人力成本飞涨的今天有效地控制成本，等等。V形柱钢骨混凝土的工业化施工建造即是很好的例子。通过数字化设计，将V形柱内的钢骨分解为若干便于加工、运输的装配单元，把高难度的工作放到工厂完成，在现场进行简单的装配工作即可。这样的方式一方面提高了施工效率，一方面确保了施工质量和加工精度。
"拆招"是在施工现场针对具体的问题，通过施工做法、材料、形式以及构造几个方面的调整加以解决，是在同一问题的不同解决办法之中选择最佳方案；"绸缪"则是在深化设计阶段提前做出的预判，从形式逻辑与建造、材料之间的对应关系，以及工业化的施工方式这几个角度对现场的一种控制。"拆招"与"绸缪"，由现场回溯设计，以两个阶段对现场的控制，更好地实现建筑的完成度。■

1 混凝土上人屋面
2 φ54*4钢管，深灰色氟碳喷涂
3 10mm+0.76PVB+10mm夹胶钢化玻璃
4 清水面现浇混凝土
5 12*12轻钢龙骨石膏板，内衬岩棉
6 80*45*1.5铝通，深灰色氟碳喷涂
7 缸石混凝土隔声楼板
8 细石混凝土楼面

清水混凝土檐口清晰地表达了建筑真实的形体关系和构造逻辑

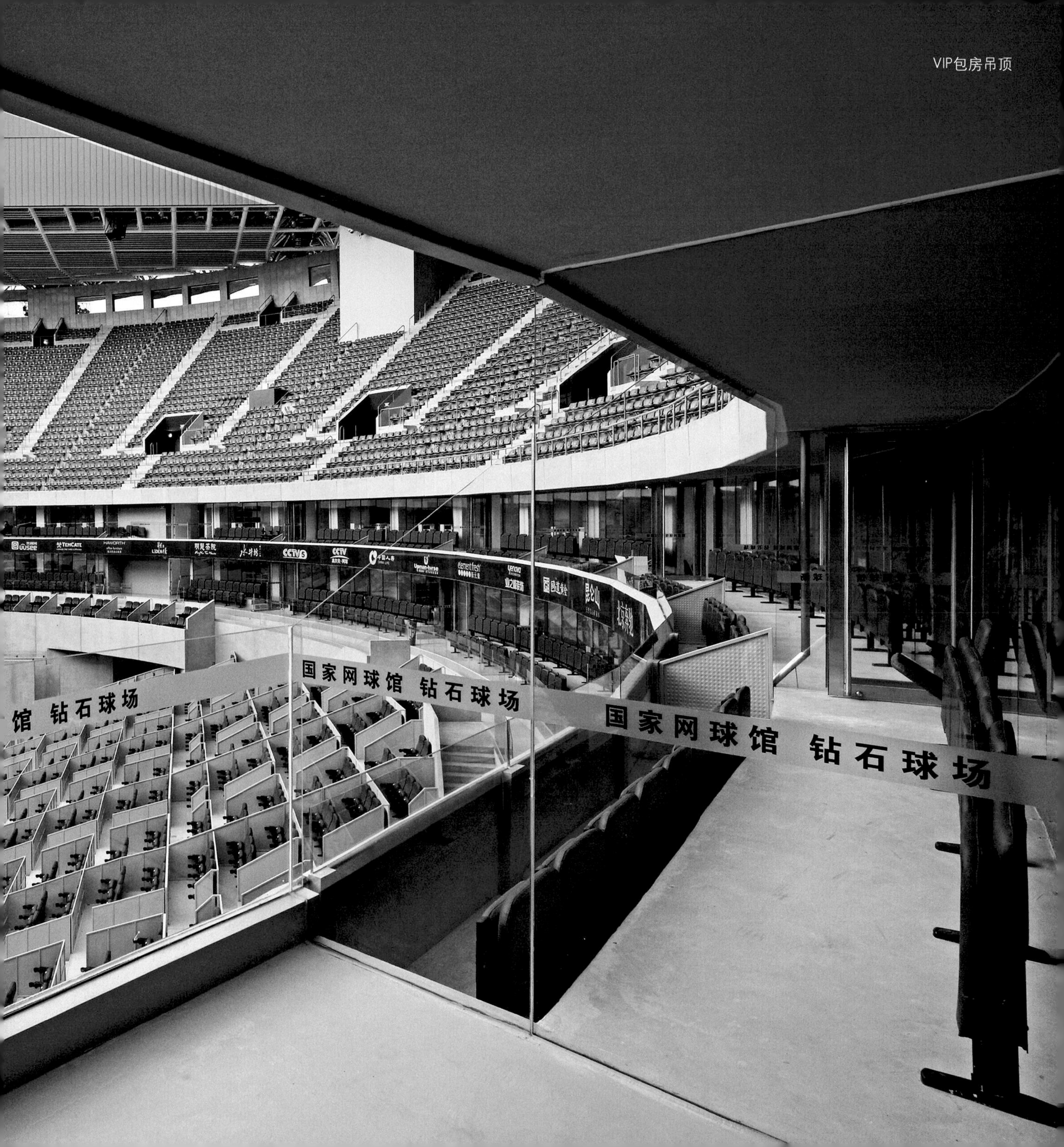

VIP包房吊顶

对细节的把握决定着建筑的细腻程度，本文从包房、外立面、新老场地衔接等不同位置、不同性质的设计及施工，展现对钻石球场各处微观节点的关注。

The control over the details determines the degree of fineness of the architecture. With examples of design and construction on different location and properties of the building, including compartments, elevation and connection between the existing and new court, this article reveals the attention that has been paid to the various details in the Diamond Arena.

细节的表达决定整个建筑的细腻程度，从设计到施工过程我们力求将各方面的问题层层梳理。我们试着描述几个部位来反映设计的前瞻、解决及遗憾。

外立面做法细节

我们通过虚实对比显示出整个建筑的体量感，外侧V形柱外表面的韵律感是整个建筑非常具有特色的部位，由不同大小的正反三角形构成，下部为混凝土，中部为设备及贵宾用房等格栅，最上层为透空，从实至虚体现了竖向上的变化。底部的柱脚是五棵柱子的交点，我们为此部位设计了一个组合柱柱脚，由于构件非常复杂，无法延续混凝土外表面做法，我们采用外露钢结构表面做氟碳喷涂处理，且留下结构构件与建筑面层之间相差40毫米的做法，标示出其特殊性，从视觉上为V字提供承托元素，增加了趣味性。

五、六层贵宾用房及设备用房对于视线的要求各有不同，贵宾用房需要良好的视野但不能过于通透，设备用房有在立面进风等要求，需要一定的遮挡，我们在此利用格栅作为这两种需求房间的统一外结构，但做法也是几经变化——在方案设计阶段为了强调三角形的形式感，格栅做成了平行于两条斜边的菱形。但是在深化设计阶段，我们发现理论上每条斜切格栅都是曲线才能保证在外V表面的圆台面上，于

是我们设计了单元组合型隐框格栅，增加了横向隐形龙骨，每个格栅交点均为一个单元，单元组件之间利用螺栓连接。在后来的施工过程中进而发现此做法会导致不同标高的单元组件都不同，过于复杂且实现的效果并不如我们的预期。最终我们采用了展现在大家面前的竖向格栅做法，遮挡了大多数不必要的设备用房，在贵宾用房内也有良好的视野。

包房设计

包房是中网商业运作中重要的组成部分，之所以设计为双层包房也正是出于这个原因。我们提供了每层24间，两层共48间大小各异的包房。由于网球比赛转播的特殊要求，南北两侧设计了摄影机位，但实际比赛时则需要更多的摄影机位。最初我们在南北侧的二、三层各设置了额外的摄影平台，但是这会占掉8个包房，带来商业效益上的损失。最后将摄影机位挪到了四棵巨柱的高处。

包房为保证视线的通透性，采用上下卡槽固定的大玻璃来实现，但暴露过多的构件，会显得这一圈玻璃不够干净、简洁。于是我们在上方吊了一圈装饰面，遮挡了一部分固定玻璃的构件，使得包房的玻璃仿佛嵌在结构中，视觉效果十分简洁。同时，由于装饰面的存在，它还遮挡住了上方混凝土看台板在施

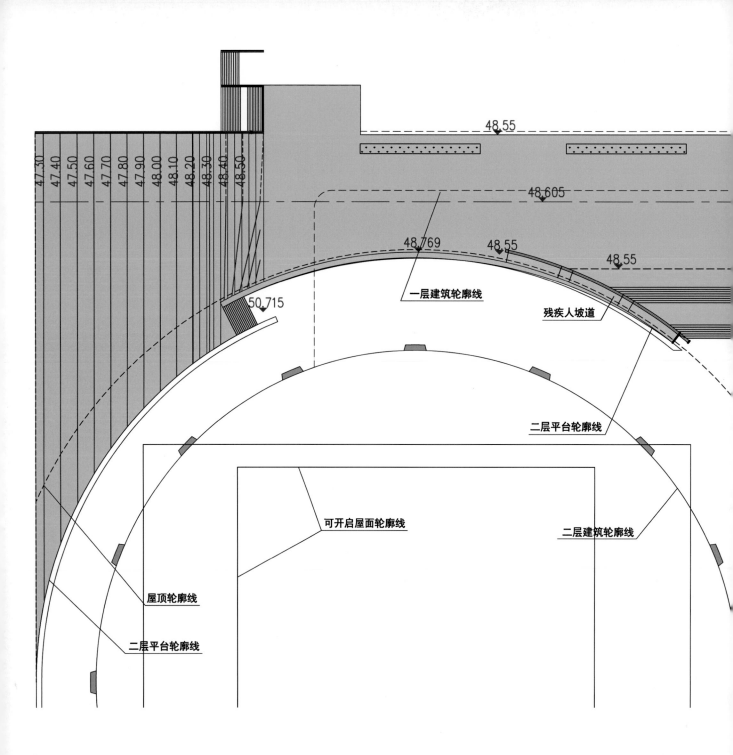

48.55

47.30 47.40 47.50 47.60 47.70 47.80 47.90 48.00 48.10 48.20 48.30 48.40 48.50

48.605

48.769

48.55

48.55

50.715

一层建筑轮廓线

残疾人坡道

二层平台轮廓线

可开启屋面轮廓线

二层建筑轮廓线

屋顶轮廓线

二层平台轮廓线

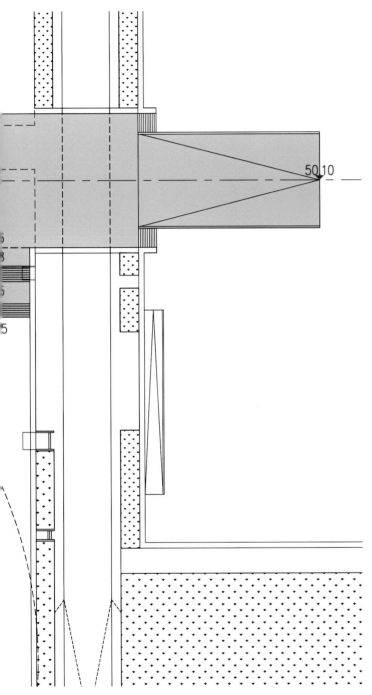

工中不可避免的高度差，可谓一举两得。

"钻石"的形成

可以看到在V形柱的顶部，由于顶部节点的存在，八层的走廊无法完全贯通。因此我们在有V形柱的地方进行了特殊的形体处理。在走廊内有16组屋顶网架的支撑节点，我们让走廊在此部位随着节点构件的倾斜向外倾斜，外部形成钻石的"切面"，内部让走廊贯通起来。而这些棱角也让建筑的外形看上去更加贴合它的名字——"钻石球场"了。

然而在施工阶段我们发现，外围的玻璃向外倾斜，很难在外围的轻型结构上生根，我们在后来的修改中在现场放样，改用6厘米厚的阳光板。它的效果不如透明玻璃，但有一定的保温效果，也具有一定的透明感，是一个安全而折中的办法。同时转角处的倾斜，作为"钻石切面"的玻璃幕墙，也因施工难度及受力等原因被遗憾地修改为垂直幕墙。

北面场地坡道

新馆和旧馆之间需要联结，平台需要与旧馆、中央通道相连，在标高、场地设计上都有一定的困难。在方案阶段，我们通过设计两层坡道来达到标高的统一；现场有一定的破坏，我们花了很大心思来研究如何恢复原状。我们采用海螺型渐进的方式，将场地标高从47.25米提升至50.715米，通过不同标高的台阶和坡道将中央通道与新馆二层平台相连，同时在中央通道北侧设置了连接一层的通道，实现了高效的交通流线。中央通道是双向找坡，通过同标高坡度细微变化的方式与新馆外围轮廓进行衔接，这样新馆与整个网球中心就连成了一体。■

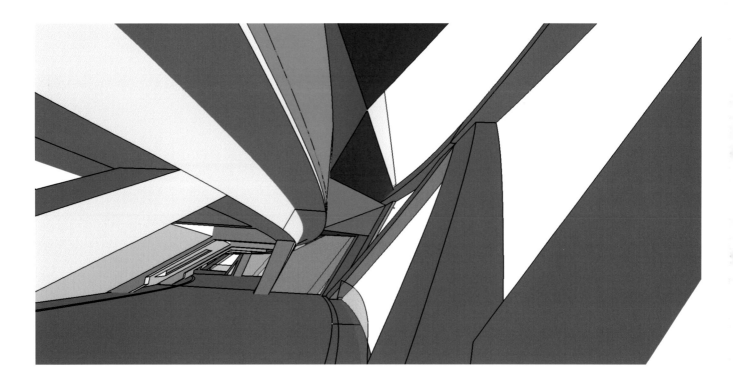

公共楼梯二层入口

摘要

卫生间与楼梯不是建筑的主角，但每个建筑都不可或缺，由于使用频繁，它们直接影响人们对建筑的印象，从而影响整个建筑的品质和使用感受。

两者既要充分考虑使用者的需求，又要结合自身特点，为提高建筑的整体品质作贡献。卫生间集成了大部分管线，甚至成为重要的风道路由；而楼梯，则以自身精致的细节设计，让人眼前一亮。本文将着重在这两方面，介绍国家网球馆以人为本的细节设计。

Summary

Toilets and staircases are not the main characters of the architecture, but they are definately irreplacable in the building. As the places that will receive frequent visits, they directly exert influence on people's impression on the architecture and consequentially affect the overall quality and perception of the architecture. The design of these two features should not only give enough consideration on the users' needs, but also combine with their own specialty and make contribution to the general quality of the architecture. Toilets are some space where most pipes and wires are located and they would even become important paths for ventiducts. The staircases would become an eye-catching feature with their exquisite design on details. This article will focus on these two architectural features to introduce the people-oriented detail design in the National Tennis Center.

国家网球馆的使用人数很多，而让人感触最直接的，除了整体的外形和完整的空间，就是近人尺度的细节设计了。

国家网球馆的细节体现在方方面面，从架空地面的大平台，到观众席的座椅出风口，从观众集散厅的地面出风口，到活动屋面的吸音设计，以上这些在其他章节有详细介绍，本文主要从观众最常接触的楼梯和卫生间，介绍国家网球馆的细节设计。

卫生间与楼梯不是建筑的主角，但每个建筑都不可或缺，由于使用频繁，直接影响人们对建筑的印象，从而影响整个建筑的品质和感受。在这两处设计中，首先考虑的是使用人和人数，前者由功能区域决定，后者则通过计算。

"以用为先"

以一层卫生间为例，虽然使用人数不多，但分区复杂 — 裁判区、球童、运动员、贵宾、记者、后勤保障等。不同的使用者对卫生间都有不同的要求，比如有的要设置淋浴，与更衣室结合在一起，有的要做成独立的单套卫生间，有的使用人数多，力求集约高效……大部分卫生间都划定在规定的功能区内，避免人员穿插，方便安保和管理。以卫生间内器具为例，充分考虑国人的使用习惯，公共卫生间的坐便器与蹲便器比例大约为3:7，而一层运动员裁判区的卫生间，则全部使用坐便器，主要考虑使用者的使用习惯。

"藏'风'纳'管'"

卫生间不仅要"以用为先"，还要为了建筑整体的空间完整性作贡献。在建筑设计中，机电部分属于"隐蔽工程"，卫生间由于自身的管线比较集中，房间分割墙相对较多，结构相对简单，就成为了风管和水管理想的"藏身之处"。

一层的空调机房肩负着一层后勤运动区和二、三层观众集散厅的全部空调任务，而这两层的进排风排烟则主要集中在六层，这两层之间的风管路由，就都是通过卫生间和卫生间管井解决的。

各种风管的首要路由，是二层公共卫生间内的清洁间。这一层一共有16个清洁间，清洁间内除了集中四层五层公共卫生间贯通下来的水管外，其中4个清洁间还布置了"柱子"一般巨大的风井，这些清洁间内甚至无法布置墩布池。

另一个风管路由，位于VIP包房之间专用卫生间的水管井中。这组水管井，出现在二三层，每层12个，表面上主要负责二三层包房卫生间的给排水。打开水管井似乎只能看到一根根的水管，但水管后面的墙，并非真正意义上的墙，而是一个个风管，有的是新风管，有的是排风管，有的是排烟加排风管，对应这一层不同位置的机房，需要统筹安排、精心计算。

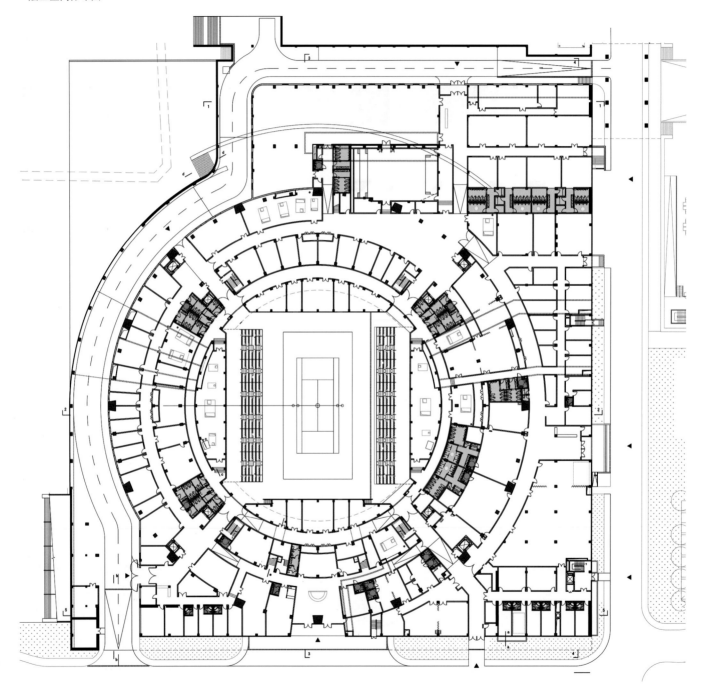

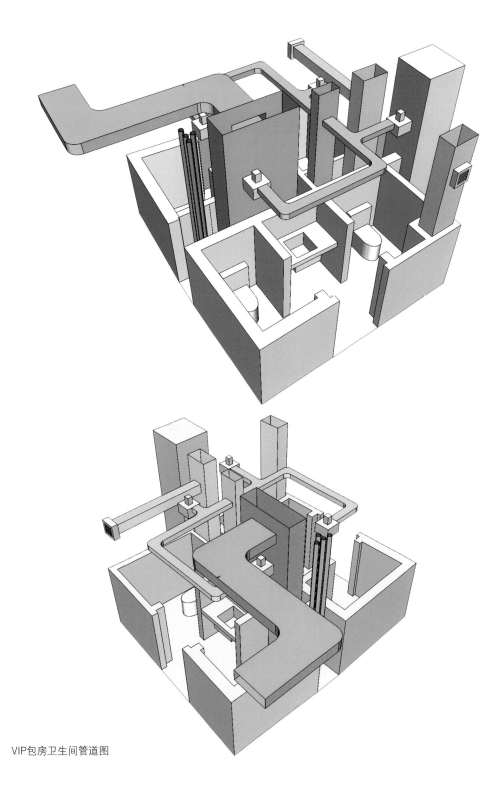

除了水管井里要挤进风管，在VIP包房的卫生间里，也要暗藏不少管道。首先是VIP包房的新风管。水管井内的新风管主要负责一层的新风需求，而VIP包房的新风就需要另行解决了。VIP包房层高较低，解决办法就是将新风主管在三层走廊上方三角区内，对应各个VIP包房分成小支管，沿卫生间墙壁下行，向各个VIP包房侧面送风。于是VIP包房的卫生间里，就长了一个个"小包"，有的和手盆结合，有的在马桶前面，有的在主管井内，在卫生间内穿横管；卫生间内的林林总总，在VIP包房里，都只看到墙上一个个小百叶而已。

卫生间除了担负其他区域的管线路由，自身的管线也是很多的。基础的有给水管、中水管、污水管、通气管、排风管、照明电路、电器电路、消防电路等，个别区域会有热水管和消防管（借路）。这样一个管线密集的区域，如果不能上下对应，将会对空间造成巨大的浪费，并对各设备专业提出不必要的挑战。但是，建筑本身下小上大的布局，要使卫生间完全对应，像高层办公楼一样简单复制，也是不现实的。于是，前面提到的VIP包房区12个水管井，就负责每层24个包房的卫生间；在16个主要观众楼梯两侧，设置了32个水管井，负责二至五层中VIP包房区以外的卫生间；六至七层的卫生间直接由四个电梯旁的主管井负责。这种布置方式，既保证了管线的相对集中，标准化设计，又能满足体育场相对灵活的空间需求。

四层观众环廊的16个卫生间匀质布置，每个卫生间对应两个水管井，男女卫生间隔布置，方便高效。而到了五层只需要4组卫生间，和4组开水间-无障碍卫生间，管井的使用率是1/2；三层根据计算只安排了4个服务人员使用的卫生间；二层是观众厅，12个卫生间，管井使用率是1/2（其中4个卫生间用双管井）。这种相对灵活适量的卫生间设置，由于基于规

VIP包房卫生间管道图

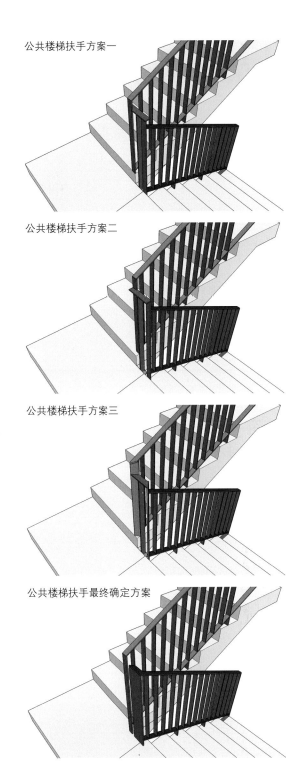

公共楼梯扶手方案一

公共楼梯扶手方案二

公共楼梯扶手方案三

公共楼梯扶手最终确定方案

律的管井布局，而大大降低了设备难度，提高了空间效率。

"精心细节"

楼梯相对卫生间来说，就没有管线的难题了，但由于是人流的必经之地，单独设计、使之成为建筑的亮点，就成为提高建筑品质的重要一环。

以扶手为例，国家网球馆的扶手主要分两种：一种靠墙，一种独立。独立扶手的设计在国内不常见，但国外有案例可供参考，施工相对不是那么困难；靠墙扶手是我们完全自己设计的。靠墙的扶手经过了几轮讨论，最终以"小圆疙瘩"+扁钢落地的形式最终实施。名为"小圆疙瘩"的墙上扶手托，并非国内的成品，需要单独做加工；扁钢从斜向转垂直的圆弧半径也经过了几次推敲，从较"肉"的R75到与独立扶手相同的R5，最后确定为与"小圆疙瘩"较相近的R30。之所以不选择与"小圆疙瘩"相同的R25，是因为"小圆疙瘩"是一个圆饼，而扁钢会形成"环"，相同外径看起来比"小圆疙瘩"小，于是选择了R30。

由于公共楼梯在平面上是扇形的，角度虽然不大，但反映到楼梯井上，就成了明显的三角形。为此，我们做了几种方案，最终，我们给这个比较常见的楼梯，设计了一个没见过的转角。首先，对于尖角部分，梯井宽度是82毫米，于是上行扶手和下行扶手分别落地，扶手间最小距离是95毫米，满足规范要求，就不做横向联系了。而对于较宽的部分，梯井宽度是229毫米，上行扶手直接落地，下行扶手落地部分变宽，形成宽钢板，与上行扶手之间间距40毫米。这样的设计，增加了楼梯的趣味性和设计感，让普通的"上上下下"变得很有"看头"。

所有的扶手都选择了扁钢氟碳喷涂，为了提高手的"握感"，将上层扁钢设为10毫米厚，而实际强度是不需要这么厚的；为了防止刮手，在边缘做了1毫米的抹角。这些设计看似简单，实则细碎，提高了施工的难度。但施工方丝毫没有偷工减料，抹角、圆弧、钢板，全做出来后，效果十分令人满意。看着他们在工地现场为了完成设计意图，一遍遍做样板、磨角、喷涂颜色，让身为设计师的我们非常感动。

"末端也是基本功"

卫生间和楼梯的设计，往往都是设计的末端。建筑师首先考虑的应该是空间和功能，等流线调整好了，再在合适距离点上布置这两个功能块。当功能和布局调整的时候，首先准备随行就势的就是卫生间，然后是楼梯间。然而，当进入施工图阶段时，首先提图的也是楼梯间和卫生间。这就要求建筑师把这两个功能块当作基本功练习，不仅要能熟练快速排出所需宽度的楼梯间、合理布局的卫生间，还要对各专业所需管线、结构位置非常敏感，及时规避风险。在这个基础上，增加对细节的考虑，就可以切实的提升建筑的触感，将"以人为本"落到实处。■

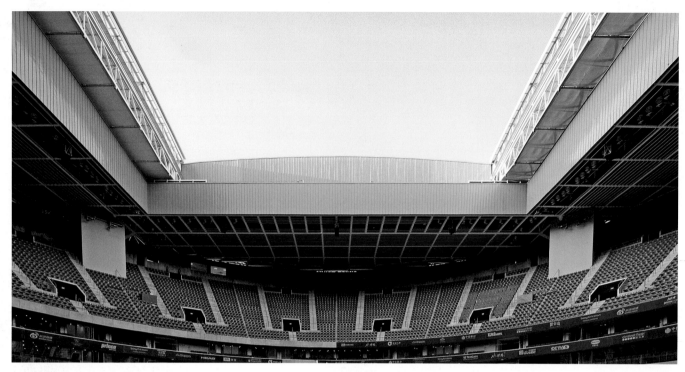

专项设计
Subject Design

安澎 An Peng

摘要

专项设计作为国家网球馆的技术设计过程中必要的内容，包含了活动屋面、声学、节能、消防性能化、体育工艺等多项内容。专项设计与主体设计、专项设计自身之间均相互关联，彼此的工作配合也是技术设计阶段工作的重要内容。

Summary

As a necessary part of the technical design process of the tennis center, the subject design includes a series of aspects, e.g. retractable roof, sound, energy-saving, fire protection, sports-related design, etc. There is close relationship among the subject design, major design, and subject design itself. The cooperation among these designs is also a key issue in the process of technical design.

活动屋面

国家网球馆采用了独特的活动屋面设计，使得国家网球馆成为全天候的网球馆。

活动屋盖的形式关系到建筑立面整体造型，投标阶段在进行多方案的比较后，选用了对立面造型影响最小的推拉折叠的开启方式，最大开启范围可达70米x70米。

进入技术设计阶段后，出于造价控制等方面综合因素的考虑，专项设计招标时，具有明显价格优势的一家分包单位中标了。这家分包单位只在地面上或者刚性很强的混凝土框架上应用过他们的产品，对在柔性较大的钢结构固定屋盖上设置这样大尺度的活动屋盖，缺乏相关的工程经验。在消防性能化、声学、节能等专项设计工作展开以后，协调配合的工作更加困难。

经历若干次协调会后，开启方式最终调整为推拉平移的方式，开启屋盖划分为上下2层，总计4个独立的开启单元，东西向开启，开启后上下两层开启单元叠放停留在东西两侧固定屋盖范围内的贮存仓内，由于贮存仓尺寸的调整，为了确保贮存仓的尺寸不会影响到固定屋盖自身结构的强度和稳定性，开启范围也相应缩小为60米（东西）x70米（南北）。

活动屋盖位于观众厅的正上方，面积较大，对消防排烟、建筑节能、声学设计均有至关重要的影响。各专项设计通过计算或模拟对活动屋盖的材料选择、构造等方面也提出了具体的要求。随着活动屋盖的深化设计，其重量和形式也在不停地变化。荷载由一开始的200多吨一直增加到400吨，而为了减少自重，只能增加开启单元的矢高，进一步加重了对立面造型的负面影响，也是很无奈的结果。

虽然过程比较曲折，好在完成后的活动屋盖在开启的稳定性和灵活性方面还比较理想，四个开启单元同时开启，8分钟的时间可以完成全部的开启工作。同时，四个开启单元也可独立运行，为观众厅的自然排烟提供了有利条件。遗憾的是出于控制造价的原因，后期的施工过程中，吸声体材料选用吸声膜，在视觉和声学效果上，与设计要求的效果还有一定的差距。

声学设计

根据规范的要求，国家网球馆观众厅混响时间中频（500Hz）控制在满场小于2.5秒。声学设计的基础部位主要部位包括墙面、地面和顶棚。

观众厅内均布置看台，栏板部分采用预制的清水混凝土，且为预留的广告位，无法进行声学处理，在八层的转播用房朝向观众厅一侧墙面全部安装穿孔吸声板。由于控制造价的原因，观众区只在包房看台及下层看台的贵宾座椅区采用软质座椅。于是，声学设计的最佳部位集中在顶棚区域。

开启屋盖高度距离地面约45米高，正下方是比赛场地，也是赛后

声学设计方案

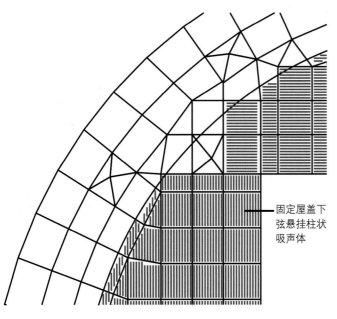

钢桁架构件包覆吸声体

固定屋盖下
弦悬挂柱状
吸声体

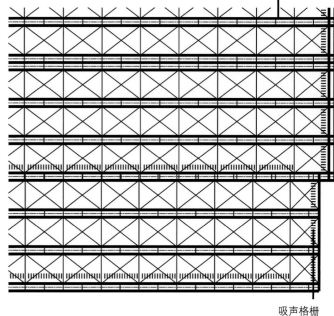

固定屋盖声学材料布置示意

活动屋盖声学材料布置示意

吸声格栅

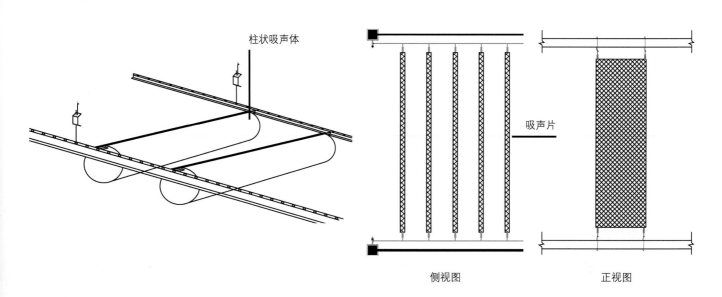

柱状吸声体

吸声片

侧视图

正视图

固定屋盖下方悬挂吸声体

活动屋盖侧面吸声格栅

使用演出等活动的场地。根据声学计算的结果，该部分位置平均自由程长超过27.6米，容易产生长延时的回声，语音清晰度差。开启屋盖围护结构采用阳光板材料，无法采取固定屋盖的分层构造隔音措施。为确保体育馆正下方的赛场和坐席区获得良好的清晰度，该部分声学材料需在能降低雨噪声的同时改善馆内的音质清晰度。声学设计主要解决屋面雨噪声以及观众厅内吸声设计的问题。通过综合比较，确定选择实心的半透明阳光板作为覆盖材料以减少雨噪声的影响；在活动屋盖的钢结构桁架上包覆悬挂轻质吸声体，增加活动屋盖的吸声量；在可开启单元的侧面设置通风百叶等。这些措施确保了活动屋盖部分的综合性能指标，确保了观众厅的使用品质。固定屋面雨噪声的问题主要通过金属屋面自身构造解决；观众厅内吸声材料，在经过多种方案对比后，考虑到荷载、消防、吸声效果等问题，确定选择重量轻、防火性能好、吸声效果显著的三聚氰胺吸声棉，固定屋盖区域采用∅200的柱状体块，和钢结构下弦平行，组成格栅吸声装饰吊顶，既能满足声学的设计要求，又能起到较好的装饰作用。

后期为降低造价,业主提出将声学材料调整为微穿孔聚碳酸酯吸声薄膜。考虑到在屋面开启的情况下，过轻的吸声薄膜易受风环境影响，并可能产生噪声、耐久性和清洁问题。通过各方共同对构造做法深入探讨完善，部分吸声体改为微穿孔聚碳酸酯板，用铝骨架加工成为长方体吸声体，悬挂在屋面钢结构的下方桁架之间，兼作格栅吊顶，解决了部分声学问题的同时也兼具装饰效果。遗憾的是，由于阳光板材料吸声量有限，更关键的是原本设置在活动屋盖下的吸声材料全部更换为吸声膜，进一步加大了观众厅内实际声学效果与设计要求的差距。场馆在屋面关闭状态下运行时，声音的清晰度与设计要求还是存在一定的差距。

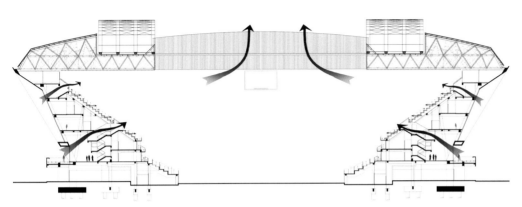

通风示意图——屋盖开启

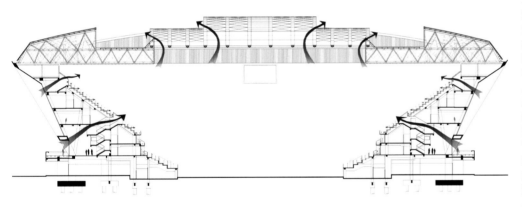

通风示意图——屋盖关闭

节能设计

作为大型的公共建筑，节能设计也是本项目设计的重点。开启屋盖的开启部分采用半透明阳光板作为覆盖材料，且面积超过了屋面部分的20%、达到了50%，同时根据业主的要求，观众厅不设置空调，只送新风。这些客观因素，也造成了节能设计的复杂性。

观众厅作为节能设计的重点，由于使用状态存在多种可能，其温度环境控制面临较大的难题。在夏季，开启屋面关闭状态下，其贴临的下方温度升高比较明显，对开启屋盖的钢结构桁架影响较大，甚至有可能超过钢结构允许的变形计算温度65℃。由于不设置空调，我们无法主动干预观众厅内的环境温度，只有尽可能通过控制自然通风口的设置，加强自然通风，对观众厅内环境温度进行调控，但控制的效果是有限的，在特殊的天气条件下，正常使用会受到一定的局限。

通过系列的环境状态模拟，确定在多个部位设置自然通风口，创造自然通风条件，努力确保自然通风的效果。在活动屋盖侧面设置通风百叶；看台的16个2米×2.2米观众出入口直通七层观景环廊；首层及二层设连接观众厅的通道；设置16组开敞的看台楼梯；在看台下方设置通风静压箱，并在每排座椅下方设置通风口。通过一系列构造措施的组合控制，有效地提高了观众厅的自然通风效果，改善了观众厅的温度环境。

另外，通过对各使用条件下内外环境温度进行综合分析，得出相应的数据，将各个使用工况对应的室外温度条件汇总，确定了观众厅在全年内的最佳使用条件，供业主参考。

经过模拟测算，国家网球场在观众坐满的情况下，屋顶打开时，场内的温度要比场外的温度高3～5℃；屋顶闭合时，场内的温度要比场外的温度高9℃左右。在屋顶开启时，场外温度如果不高于

24℃（日间）或27℃（夜间），或者在屋顶关闭时，场外温度不高于20.5℃（日间）或25℃（夜间），观众厅内的温度环境是最适宜的。

消防设计

作为大量人流集散的公共建筑，消防设计必然成为技术设计的重点内容。

国家网球馆的消防设计在防火分区面积、疏散距离等方面超出一般规范的要求，同时也面临活动屋盖使用状态的问题。技术设计过程中，针对消防设计难点，借助于消防性能化设计手段，对本建筑物的火灾风险、火灾发展状况以及主动和被动防火措施的实际效果进行分析评估，确定必要的消防措施，同时依据性能化意见，对建筑方案进行优化调整，达到建筑设计与消防安全有机结合的目的。

开启屋面在中网比赛期间基本处于开启状态，成为"场"；赛后利用基本处于闭合状态，成为"馆"。为确保消防设计的可靠，确定按照"馆"进行设计。

由于网球馆功能的特殊性，导致高大空间的观众厅（从首层至地上8层）与地上2~8层的其他部位之间在防火分区上无法严格地分开，另外由于建筑形体的原因，疏散楼梯不能实现从2层竖向直达8层，在5层出现同层错位。种种制约因素，最后确定将本建筑首层场地及地上2~8层按照一个防火分区进行设计，在各层平面与观众厅之间也尽可能采用防火分隔划分为若干独立的防火单元。

在建筑材料的选用方面，开启屋面考虑到减轻自重、方便开启等原因，采用阳光板作为屋面板。另外，根据建筑声学设计要求，将观众厅屋顶部分钢结构承重构件利用吸声材料包裹，同时在其钢结构间悬挂吸声体。依据《建筑内部装修设计防火规范》3.2.1 规定，大于3000 座位的体育馆，墙面、顶棚

安全通道 ■

安全出口 ▶

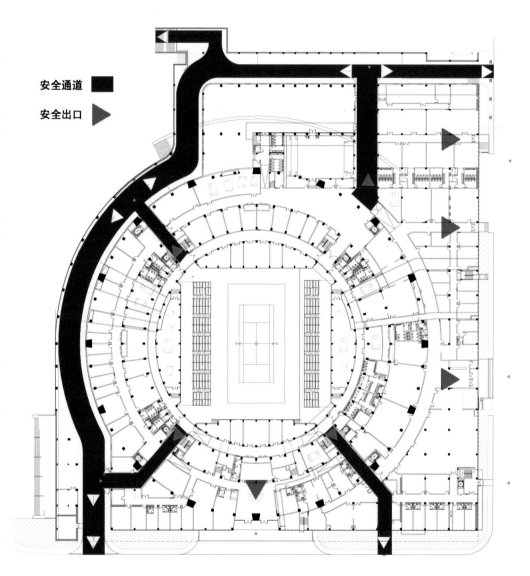

材料燃烧性能等级应为 A 级。依据国内的检测标准，阳光板材、吸声材料及吸声体的防火性能只能达到B1 级。在消防性能化设计过程中，通过燃烧试验等手段，对其防火性能进行验证。由于上述材料主要应用在网球场屋盖结构中，距离观众较近的吸音材料在受火后不会产生融滴。产生融滴的阳光板距离观众较远，即使在有外来火源影响时，产生的融滴也会在下落过程中迅速冷却，试验结果表明采用上述材料是相对安全的。

对于安全疏散距离，首层平面为了避免本建筑内部人流与观众人流的交叉，结合原有地形高差等因素，在首层的西、北两面设置带顶盖的地下环路（只在西南、东北连通到室外），供平时使用。但首层西北侧区域的疏散如果通过该地下环路到达室外，则导致疏散距离超长。为了解决该问题，采取在地下环路的中间部位设置通风百叶、加设紧急疏散口等措施，既避免与上部的观众人流产生交叉，又确保了该环路的安全性，使之成为安全区，供首层西北区域的疏散使用。

对于观众大厅消防排烟，充分利用开启屋盖，采用自然排烟的方式进行。屋盖本身分为4个独立的单元，在运行上均可单独控制打开，而不互相影响，也确保了屋盖开启的可靠性。屋盖的开启和消防控制进行联动，保证消防排烟的安全。消防性能化设计中，通过相关火灾场景的烟气计算及烟气控制模拟，得出比赛场地采用的可开启屋盖可作为本建筑的消防排烟系统，该系统应与火灾自动报警系统联动打开，打开时间不应大于8分钟。

体育工艺

体育工艺专项设计，主要是为了满足体育建筑自身的特殊功能需要，对场地、计时计分、场地照明、场地扩声、大屏幕等内容进行专项设计。结合使用方对赛事用房的布置及功能流线要求，以及体育工艺设计的要求，对体育工艺相关的设备用房进行深化调整，统筹安排。

比赛场地设置一片标准网球场，主要的工艺用房设置在首层和八层，大屏幕根据网球比赛的特殊要求，分设在上层看台的东、西两侧。

专项设计作为主体设计必要的组成部分，涉及若干团队的配合，配合过程也往往受制于各种因素，设计的过程难免出现反复，需综合考虑各方面的需求，以达到总体的协调统一。■

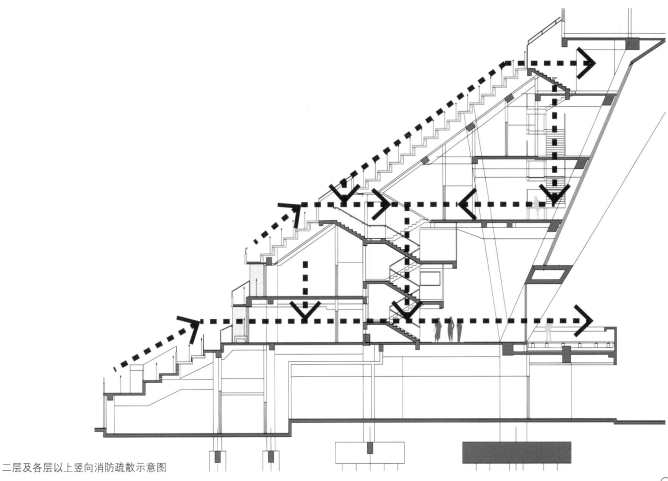

二层及各层以上竖向消防疏散示意图

结构设计——建筑"立身之本"
Structure Design -- How Architecture Stands

范重 Fan Zhong

摘要

国家网球馆为带有开合屋盖的现代化体育建筑，看台采用现浇钢筋混凝土结构，外立面布置16组V形柱，与环向框架及各榀径向框架共同构成抗侧力体系。为了防止基础在地震作用下发生破坏，在主体结构外立面的底部设置环形承台，从而使基础的地震安全性大为提高。固定屋盖采用网格结构，在活动屋盖移动范围内为双层平面网格结构，活动屋盖的移动范围以外改为三层网格结构，使屋盖结构刚度有效增大。在进行空间结构网格布置时，充分考虑其受力特点，对屋盖开口周边、尤其是其轨道桁架部位进行了加强。

Summary

The grandstand of the stadium was constructed with cast-in-place reinforced concrete. Lateral force resisting structure was composed of 16 sets of V-shaped columns, circular and radial frames.Annular pile caps were settled at the bottom of the main structure to prevent the foundation from being damaged by earthquake.The fixed roof was constituted by grid structure. Double layered and triple layered grids guaranteed the rigidity of the roof. Reinforcement was applied around the opening of the roof.

整体结构: 简洁明快

国家网球馆为带有开合屋盖的现代化体育建筑，主体结构由看台结构与裙房组成，裙房地上1层，局部带有地下室。

看台采用现浇钢筋混凝土结构，外立面布置16组V形柱，与环向框架及各榀径向框架共同构成抗侧力体系。斜柱与看台梁组成径向平面框架，由环向梁和外立面的V形柱将各榀径向框架联系起来协同工作。位于二层以上的立面V形柱向外倾斜达32°，结构受力非常复杂。立面16组V形柱均为内外两层，侧向刚度很大，承担了绝大部分水平地震力。在V柱内设置钢骨，形成型钢混凝土构件，以保证构件具有足够的抗拉与抗剪强度，满足建筑对构件截面尺寸限值要求。

固定屋盖与活动屋盖采用钢结构，便于总体工期与造价控制。屋盖支承在16组V形内柱顶部的环梁之上。在看台结构45°、135°、225°及315°方向将径向框架内斜柱改为混凝土直柱，作为固定屋盖的中间支点，可以有效增加屋盖刚度，减小结构变形量与用钢量，有利于活动屋盖平稳运行。

为了避免看台结构设置结构缝对开合屋盖的不利影响，主体结构不设抗震缝与温度缝。

考虑到国家网球馆结构形式的复杂性，在设计中采用了多个计算模型与相应的结构分析软件进行计算，主要采用了整体计算模型与局部计算模型。整体计算模型：下部混凝土结构+屋盖结构；局部计算模型：屋盖结构。

屋盖结构由固定屋盖与活动屋盖构成，故此在上述计算模型中，上部屋盖结构分别考虑带有活动屋盖的计算模型与将活动屋盖自重与附加荷载等效为质量与荷载。其中，整体模型作为本工程的基本分析模型，并分别考虑活动屋盖全开、全闭及半开的情况。为了考察活动屋盖移动的影响，对固定屋盖轨道桁架的变形情况进行了专门计算。

建筑基础：具体情况具体分析

本工程结构体系复杂，柱底荷载差异很大，主体结构采用桩基础，荷载较小的附属用房采用天然地基，可以有效降低结构造价。

在主体结构外立面受力最大构件的底部设置环形承台，可以采用较短的桩长，增强结构的整体性，使浅埋深基础的安全性与抗震性能大大提高。

外立面的16组V形柱，特别是支撑屋盖网架的4根直柱，荷载非常集中，结构的柱底竖向荷载差异很大，活动屋盖对不均匀沉降敏感，因此必须对结构的差异沉降量进行严格控制。主体结构采用混凝土钻孔灌注桩基础，在荷载非常集中的柱底考虑采用后注浆工艺，以提高桩承载力，减小沉降量。运用变刚度调平的设计概念，对于荷载较小的部位，采用较小的桩径，通过调整桩距和承台刚度等措施减少基础沉降差异。

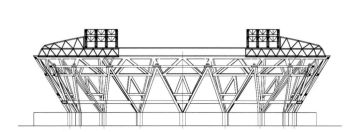

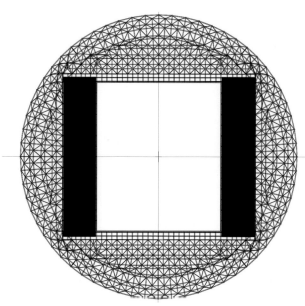

全开状态

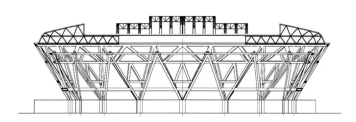

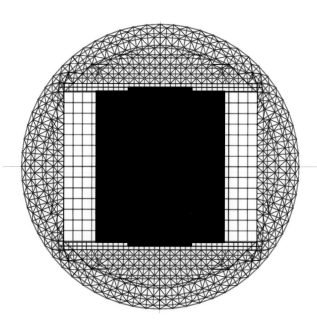

全闭状态

看台结构固定屋盖及活动屋盖示意图

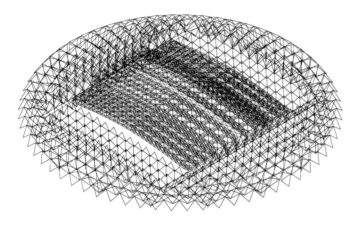

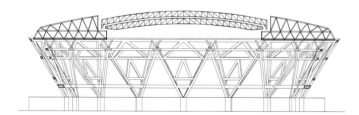

活动屋盖：坚固的创新

大跨度屋盖平面呈圆形，固定屋盖最大直径为140米，最大高度为46米，中间带有可开启的活动屋盖，在场地中央设置边长为70米×60米的矩形洞口。固定屋盖采用网格结构，在活动屋盖移动范围内为双层平面网格结构，便于支承活动屋盖的轨道，结构高度为3.6米；活动屋盖的移动范围以外改为3层网格结构，上弦层为球面，与中弦层之间的距离为1.4～6.6米，使屋盖结构刚度有效增大，有效改善了立面效果。并通过设置4组中间支点，有效增强了屋盖刚度，有利于活动屋盖平稳运行，降低了用钢量。在进行屋盖结构网格布置时，充分考虑其受力特点，对固定屋盖开口周边、尤其是轨道桁架部位进行了加强。固定屋盖支承在下部16组V形柱顶的环梁之上，为理想铰支座。由于本工程固定屋盖周边的外轮廓为圆形，与活动屋盖相应的开口范围为矩形，在45°与135°方向设置了4组内部V形支点。

国家网球馆活动屋盖采用双层拱形结构，聚碳酸酯板半透光轻型围护结构，通过轨道与台车放置于固定屋盖中弦层之上。活动屋盖由四个单元构成，上层两个单元宽度为16米，跨度为74.6米，下层两个单元宽度为16米，跨度为71米，使其在圆形平面内达到较大的开启率。

国家网球馆活动屋盖采用平行移动方式，活动屋盖采用双层弓式结构，屋面与声学吊顶采用透光性好的轻型材料，通过台车支承在固定屋盖中弦层的轨道之上，支承轨道结构的宽度为4.0米。活动屋盖由四个结构单元构成，可以使其在圆形平面内达到较大的开启率。

固定屋盖的杆件均为圆钢管，采用双层金属保温屋面。固定屋盖节点采用圆钢管相贯焊接节点与焊接球节点相结合的方式，重要受力部位考虑采用铸钢节点。构件在工厂加工制作，可以在现场地面拼装，分段吊装，缩短现场施工时间。

由于大型开合屋盖结构的重要性与复杂性，采用多个计算模型进行计算分析，确保在各种不利荷载工况组合下的安全性。与普通大跨度结构不同，开合屋盖除需要考虑活动屋盖行走引起的移动荷载外，分别对活动屋盖全开、全闭及半开状态进行计算分析。此外，活动屋盖全开、全闭及半开三种状态的荷载取值也存在较大差异。

本工程根据建筑的使用功能将活动屋盖闭合状态作为基本状态，屋盖结构能够承受各种荷载与作用的最大值，在开启状态时荷载取值根据具体情况进行适当折减，同时对开合屋盖的运行管理提出了明确要求。■

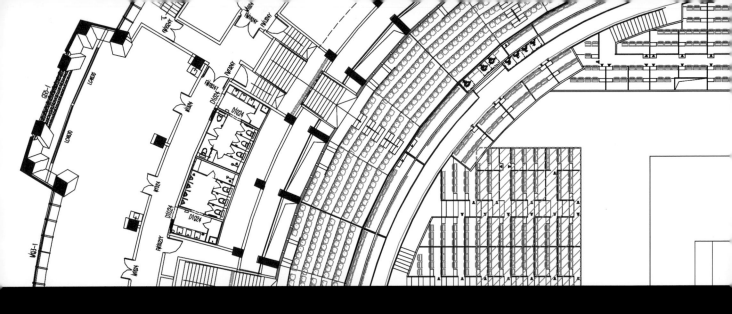

技术设计阶段不仅仅是解决具体技术问题的过程，同样也是方案完善的过程，在维持方案构思精髓的同时，应立足全局，对方案的合理性、各专业的协调配合进行全方位的思考。

在专业配合中，每个专业不能只考虑自己的问题，如果局部的不合理能够为整体的合理做出贡献，那么顾全大局也是应该的——每个专业的工程师都应该把眼光放远、把眼界放宽；广开思路，把握重点，有所取舍，尽可能圆满解决各种技术困难，追求完美的设计效果。

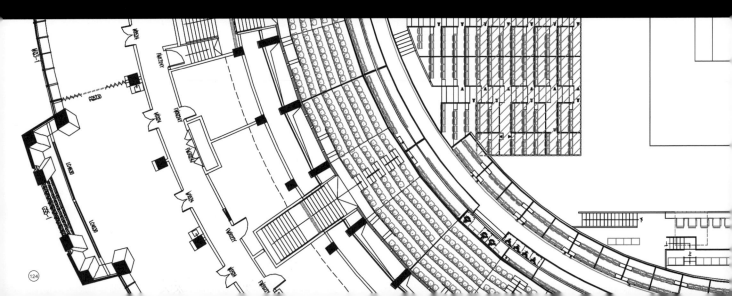

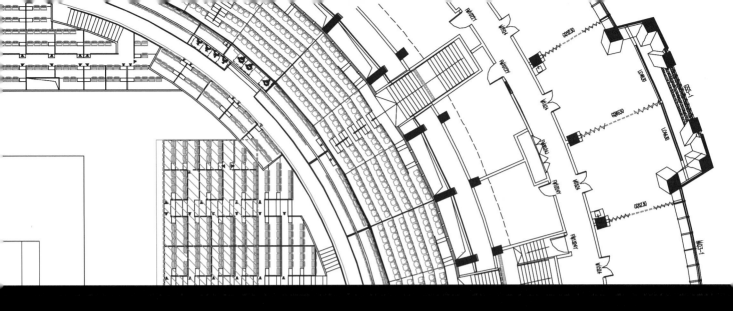

Technical design isn't merely about solving problems. It refines the conceptual design, too. We should think comprehensively in the process of collaborating with other disciplines while maintaining the essence of the design.

In the process of collaboration, every engineer should stand in others' shoes. We should maximize the overall reasonableness even if that means sacrificing a little in part. Everyone should think in the long run and with flexibility for successful problem solving and an excellent construction achievement.

建筑的生长

Growth of the Building

在施工的过程中，看着一根根暴露在外的梁，以及圆形的网球馆形状，我们不由想到了古罗马斗兽场——或许这对建筑师心中的古典情结，也是一种特殊的安慰吧！

Looking at the ring beams exposed on site forming a round arena, we can't help recalling a miracle of architecture—Colosseum of Rome. Maybe that's sort of echo to our love for ancient classical architecture!

2009 / 06 / 30

2011 / 09 / 02

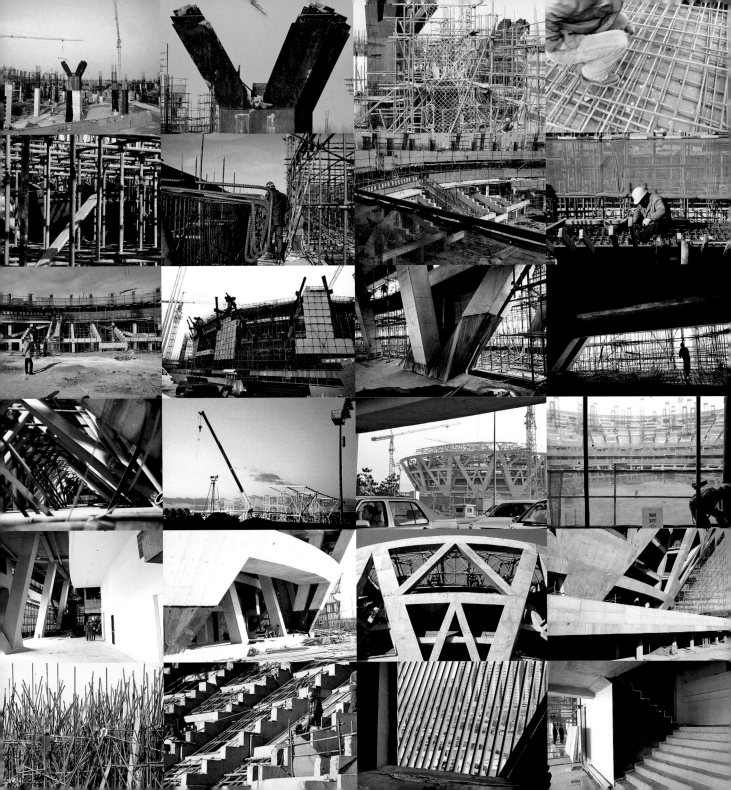

施工——设计的延伸
Construction - Extend the Design

高庆磊 Gao Qinglei

摘要

施工是整个新馆建造的至关重要的环节，如何实现复杂的施工工艺，是对施工单位技术及经验的巨大考验，同时也展现了施工单位对建筑的理解与执着。

Summary

Construction is the crucial step in the process of building up the new court. How to realize those complicated construction techniques is a great challenge to the construction team, and can also reveal the team's understanding and passion to the architecture.

空间形式的清水混凝土模板

由于外立面的原始体型为倒圆台形，将体量巨大的异形立面构件设计为清水混凝土效果也是经过反复沟通确定的，模板的定型、施工方案的定稿及装饰面的修整贯穿整个设计施工过程。

模板定型同样采用了单元化的手段，以每组外V形柱及楼层为基准划分模板单元。而整个的施工方案也是与施工单位在工地搭建微缩模型进行模拟建设的。在后期进行现场比对选材时，我们采用了清水混凝土加半透明混凝土涂料的做法，最终形成了现在的外观效果。

V形柱的模板设计也颇费心思，起初我们自己设计了弧形的模板，但后来发现这种做法的难度、模板量、造价都非常高。我们与施工方进行了模板的优化，原则是：拟合度足够高；模板符合施工模数；模板的复杂程度降低。最后我们以楔形进行模板的拟合，以层为单位进行划分，模板的分缝在各层之间交代很自然。除了一些节点处进行了特殊处理之外，其他的部分几乎能够适用于16组V形柱。从现场的感觉看，这一措施与圆弧形的差异，远小于可能由施工误差引起的差异，所以说这个措施还是达到了很好的效果。施工现场放了一个实体模型，研究模板、脚手架等的方案选择。

脚手架

起初我们选择的都是安装方便的成品脚手架，但由于场地高低变化较大、成品脚手架搭设不易实施等原因，最终确定采用传统的扣件式钢管脚手架。

为减少架料的投入，脚手架原计划仅搭设四组，然后周转使用，但是在后来的研究中，由于工期受限和外立面倾斜角度较大的原因，将支撑脚手架改为连续的满樘脚手架。实践证明，这一做法产生了良好的效果。

外立面模板的施工也是比较复杂的，考虑到清水面层的要求，在满足吊装要求的同时，尽量减少混凝土施工缝，经过研究确定将每一层作为一个施工层，以环梁划分；七层观景平台划分为两层。

由于结构外倾角度大，模板吊装时无法直接就位，必须进行水平平移就位。我们在脚手架顶上加滚杠，将模板推进来就位，再通过全站仪进行模板的调整定位。

外立面装修时考虑到成本因素，以及可能对二层屋面施工造成的影响，脚手架进行了特别的设计，借助桥梁的形式。先通过建立三维模型分析了适用性，再通过计算确定其可行性。在外立面周围先搭设起"桥墩"，然后在需要装修的高度上的"桥墩"之间搭设阶梯形钢管桁架将其连成整体，形成操作工作面。通过此方法，我们节约的架料达40%以上。

外V模板分缝图

由于网球馆的外围是空间曲面，所以起初，大家对形体的具体概念都不是十分清楚。通过建模，大家才对外形有了直观的感受。

在工程实施过程中，一部分施工所需数据无法在图纸中充分表达，必须通过模型量取。

设计模型更偏向于方案性，更偏重于空间感的分析，用来指导施工图设计；而施工方建立的外立面精确模型，对图纸深化、节点放样、施工方案设计以及工程师对建筑内部细节的理解都起到了至关重要的作用。

幕墙位于内V的外表面，通过内V和外V的距离产生立面的进深感。做幕墙装饰时我们的原则是：所有装饰构件只与内V发生联系，屋顶与外V发生关系。幕墙需要落在内V环梁上，给结构带来了很大难度。结构对内环受力、外环拉接等方面进行计算之后，施工方建立了一个V形柱的模型，用于研究脚手架的支撑等。

施工雨季

施工到了雨季，由于屋盖还没有施工完毕，无法完全闭合，漏雨给施工造成了很大麻烦：大面积的外露区域无法全部覆盖，使整个场馆出现了多次泡水的情况，以至于进行了多次大规模返修。■

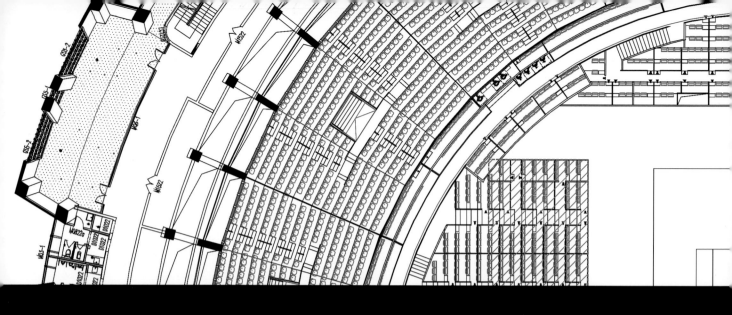

　施工方技术实力、工作态度都非常出色，也是我们学习的榜样。在解决问题的过程中，也常有新问题产生。设计方与施工方共同面对、相互信任、全力配合，怀着把建筑做好的共同理想，合作得非常愉快。

虽然常去工地观看工程的推进，但某一天，施工的外防护网被卸下，一个图纸上熟悉的建筑形象在不经意间矗立在我们面前的时候，那种熟悉而又陌生的感觉依然让我们激动不已，付出了辛苦和汗水的我们也顿时感到很大的安慰，所有人都无比期待着竣工的那一刻。

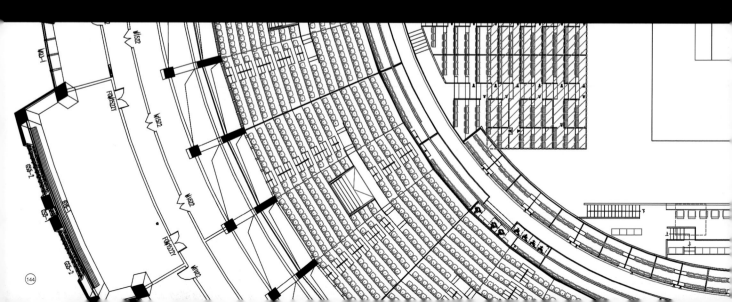

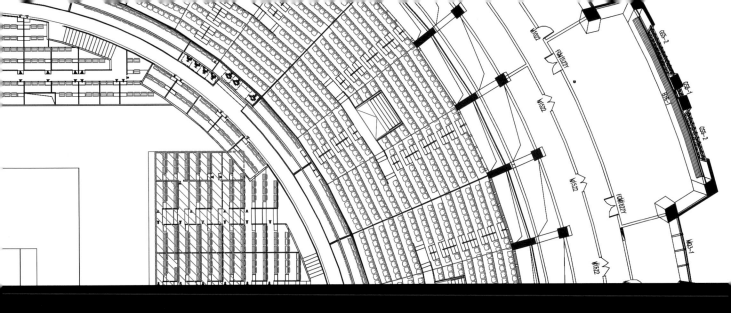

The construction company had outstanding techniques and cooperative attitude, which set an example for us engineers. New problems would always emerge, but we held a common ideal—making the building as good as possible, and trying our best to solve them.

We visited the construction site regularly, but when the safety net was removed and the building leapt into our eyes, our excitement was beyond description. All the colleagues were expecting the moment it was finished.

场馆建成，虚位以待

Built Arena with Vacant Seats

经过两年的努力，走过两年的坎坷，国家网球馆终于落成，工作室每位建筑师都稍稍松了一口气——凝结我们心血的工程终于完工了！同时，大家又略微提心吊胆地等待着场馆正式投入使用的那一天，只有经过了使用的检验，我们的设计才能算是合格的、成功的，运动员、观众等使用人员，才是我们的裁判。

Finally, the construction of National Tennis Center was completed after two years of struggle, which made us utter a sign of relief. Meanwhile, we were still looking forward to the start of its operation—only by then could we know whether the design was a success. For us, the athletes and audience were our referees.

室内功能及色彩体系
Interiors and Colors

高庆磊 Gao Qinglei

摘要

室内空间及色彩的塑造展现整个建筑的内在气质，通过对各部位不同的设计，达到功能与美学的统一，为中网赛事争取更大的商业价值，展现中网品味，提升整体价值。

Summary

The interior space and application of colors would display the inherent quality. With specific design for different parts of the building, these interior features managed to unify the demands of functionality and aesthetics, therefore the commercial value of the tennis games would be maximized and the overall quality of the event would be presented.

线设计，每一层升起不同，导致配件都是非标的。另外，这样的设计无法保证所有的座椅都能完全收进上方的看台里。于是我们和施工方一起对视线进行了局部的调整，对下方座椅进行了一些视线上的平分——由于下方拥有较好的视线，因此我们让它们作出了一点点的"牺牲"，来保证看台设备的均匀性，保证收纳的可行，同时达到"价廉物美"的效果。下层看台的交通枢纽，最开始是基本按照规范要求的最窄宽度设计的，但后来发现两侧栏板的做法导致通道更加狭窄，感觉不是特别舒适。这些问题都应该提早发现解决的。

最具挑战的是双层包房，它们占据了最好的视线区域，造成了上层看台抬高，视线恰好在30°的极限。为了保证整个视线不受遮挡，在后期修改的时候将包房栏板都换成了玻璃的，上层的混凝土栏板改为混凝土+玻璃，也保证了视线的穿透性。在推敲高度的时候，很多时候都是我们坐在现场进行的测试。另外，业主方对于栏板也有商业利益上的考虑——必须保留一定面积的混凝土用于在赛时悬挂广告，多一圈混凝土，就多一圈广告位。于是我们在不影响观赛品质的情况下，尽量留出了可做广告位的空间。

看台出口设计的材质是清水混凝土预制板，但在施工中发现侧面的预制板向下遇到了梁，落不到底。经过设计方和施工方的商讨，清水混凝土预制板被改成了轻质隔墙，再通过面层的处理，做出清水混凝土的效果。看台排水是施工过程中才出现的要求，由于场馆被定性为室内，因此设计看台时没有做排水管。在施工进入装修阶段时，甲方提出了看台可以用水冲洗的要求，排水也就成为了亟待解决的问题。当时的栏板已经安装完毕，于是我们在四个角设计了8个排水口，将排水管见缝插针地顺着看台布置，完成了排水的任务——这也给我们一个启示，在北京这种尘土较大的环境中，场地的清洁、冲洗应该及时进行考虑，最好在设计初期就替甲方想得周到一些。这次修改也是对我们很好的提醒。

下层包厢看台台阶也留下了遗憾，在几个疏散口的位置，台阶本来设置在通道外，不影响通道的疏散宽度；但由于建筑、结构专业配合时的疏忽，没有发现本该设置台阶的位置有一圈环梁，而且不能切割——发现时已是装修阶段，时间已经不允许再做结构上的弥补。于是我们只得将台阶做到了通道之内，好在此处通道的人流不再是穿行而过，而是通往疏散口，因此在评估、验收的时候通过了。■

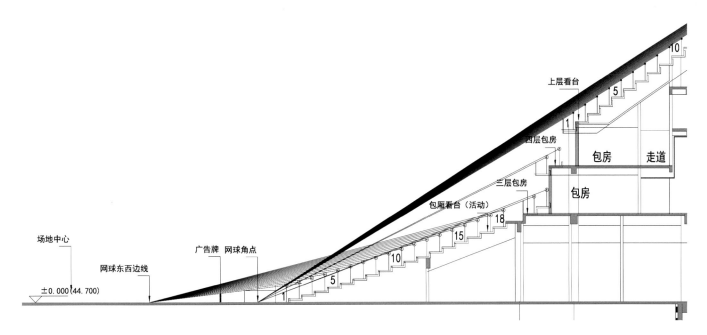

视线分析图

调试阶段，略带神秘色彩的蓝紫色灯光点亮了黑暗。

整齐排列的席位虚位以待，静候着裁判哨声响起的那一刻。

我们和网球爱好者一起企盼着这个夏天。

The bluish violet glow lit up the darkness.

The vacant court and seats stayed there in silence, waiting for the referee's whistle.

Together with tennis fans, we were expecting the coming summer.

本报独家探访中网新球馆

如钻石般 静待众星云集

开车行近林萃路的国家网球中心,会发现莲花球"为昔日的奥运会网球主赛场,已经不再是这一可开合屋顶,体量更加宏伟的建筑,成为了网球新的王者。新球场以16组V形组合柱支撑着看台筑外维护系统,建筑外立面和结构的V形体系完合,以类三角形建筑语言统一整体,摒弃繁琐的装饰,突出建筑自身体量感,建筑简洁明快。16面让球馆整体更像一颗钻石。在打上灯光后,一颗宝石。

新球场占地面积为16900平方米,建筑高度达到45.3米,建筑面积为平方米。建筑观众席11000个,加上贵宾包房及包厢区场可容纳的总人数可达15000人。新球馆的师,设计总监徐磊表示,为了满足网球大赛的功求和突出环保理念,球馆的设计和建造过程中战也超乎想象。作为中网公司赛事经营副总监,年来多少跑去观摩各大网球赛事。"四大满贯看看台观众席,云川看得更细致。"我去看比赛,除了角看,还要从球员的视角、从运营者的视角去了。"云川说,"咱们这个新球馆,可以说集成了主赛场优秀的功能,同时也将最先进的理念建设中。"本报在2011中网大赛开启前,方了这座如钻石般的全新主赛场,待媒体参观,云川这位最熟悉馆内设施的也带着我们在馆内上下跑了一遍。

■本版撰文/本报记者 褚鹏
■本版摄影/本报记者 黄亮
■制图/潘璠

●开合式屋顶亚洲最大

近些年,由于国际网球几大是决赛阶段的重要比赛,对电视转场增加了开启屋盖后,中网主办方也新球馆在选择屋顶设计方案时,计总监徐磊介绍说:"我们的屋顶重量达到

When the Whistle Was

●转播间
球馆8
26个转播
透露:"之
么多,是
申请升级
赛事提前
这些转播间
网络媒体在
项层,一间

每位观众席
据设计
家展区没
统,场内
围,而是
场内设有
这样,通
动空气,
另一
间连
期间
能

●伸缩式
最近
球馆的座椅
式样。在赛
可以伸展到
平时则回缩到
台下方。据介绍
缩设计,让这座
以在瞬间变身
场北

众进
达看
生间
比较
房
间和
的普

部是挂

终于到了赛事开场的这一天，检验设计的时刻也终于到来。想到之前的辛勤与汗水，我们强烈渴盼着赛事的顺利进行肯定我们的努力；而那些在设计与施工中留下的小遗憾，也让我们有些忐忑不安。当观众陆续坐上观众席，裁判的哨声响起——我们的心中还是难掩无限的兴奋与激动。

The opening match came finally, which meant our design would be judged by the users. On one hand, we were eager to see a smooth event. On the other hand, we were somehow anxious about the imperfections in our design and construction. But excitement drowned us as soon as the whistle was blown!

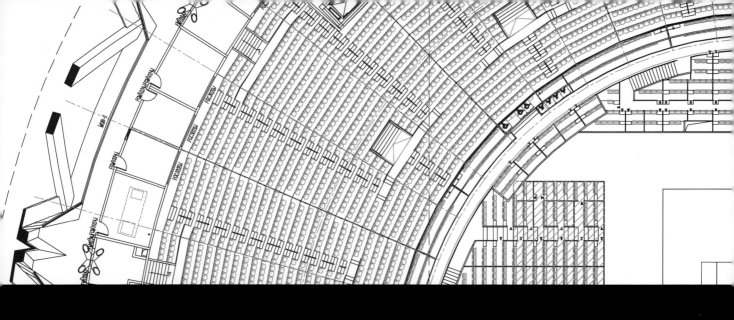

场地投入使用后，我们亲自去了几次现场访问使用者，包括中外记者、赛事方、老少观众等。平时，建筑师习惯于以自己的眼光审视问题，其实普通大众的观点才是最值得聆听的，毕竟建筑永远都要服务于人民，而不该摆出一副要求民众适应它的高姿态。我们欣慰地发现，使用者对网球馆的总体评价还是很高的，建筑获得认可，也有益于提升赛事的传播力。

我们也在访问中发现，普通大众喜欢这样的建筑：形式简明、有冲击力，能够给人以直观的美感。我们建筑师要做的工作，就是以直接而又高级的专业手段塑造建筑，为大众的生活服务。

——徐磊

We went to the arena several times to interview the users, including journalists, operators and audience. Architects are used to looking at things with a specific perspective, but we should note that we need to understand the public, for buildings serve for people instead of being 'served' by people. We happily found out that the users thought highly of the stadium, and we thought the tennis event would benefit from this recognition.

During the interviews, we found the public like buildings with these features: clear form, visual impact and direct beauty. What we architects should do is to create buildings with direct and advanced ways and improve people's life.

– Xu Lei

后记
Epilogue

徐磊 Xu Lei

这本书是一本合著的书，正像国家网球馆是一个合作的项目。

关于项目，在技术之外，整个过程给我最大的感触就是积极的合作。在项目初期，丁利群在策略分析、形式研究上和我的交流与冲突共同产生了基本的概念；高庆磊和范重对结构的研究确定了建筑的基调；安澎在体育建筑上的经验与刘恒的研究使建筑有了顺畅的功能。

在调整阶段，崔愷总建筑师的点醒使我们朝向正确的方向发展；赛事工艺方的云川和他的同事们使我们更深入地了解网球运动的特点，使建筑产出应有的价值。市政府的相关领导对项目的理解和支持也使建筑的发展更加顺利。

在技术深化阶段，建筑师团队、设备工程师团队以及结构工程师团队的合作使建筑形成一个有机的整体。安澎对于法规和技术策略的把握，范重对结构的实现与优化，李磊对设备与结构空间的理解，高庆磊对3D技术的掌控，刘恒对赛事要求的深入落实，朱吟和金鼎对细节的推敲，均成为合作中的重要支撑。富有体育建筑经验的前辈建筑师熊承新老总和李燕云主任的把关使我们能够心中有底。

各专项设计单位，防火所李磊，清华大学王鹏、林波荣等专家分别在消防、声学、节能设计等方面提供了许多建设性的意见和建议。

在施工阶段，业主方的老总田锦俐和同事们对于项目的热情，施工方中建一局四公司的杨春山经理和他的团队克服困难的激情为建筑的实现提供了重要的保障。

在内部安装阶段，赛事推广方的许旸对色彩的建议，使建筑成为一个由外而内的整体。

在项目的运行中，项目经理谭京京提供了全面的支持。总指挥修龙院长和欧阳东主任在重要时刻对项目的推进起到了关键作用。

在各个阶段，各个团队之间发生的各种合作使项目得以实现。幸运的是，各个合作方都有着强烈的责任感，使整个过程变得积极和有建设性。

关于这本书，首先要感谢前辈，也是老朋友张广源的费心操持，更要感谢他用心拍摄的精美的照片。要感谢谭雅宁所做的不厌其烦的整理和翻译工作，以及冯夏荫的版式设计。尤其要感谢胡妍对这本书的整体设计，翻译等所做的大量工作。

这本书由大家共同完成，使大家有机会展现自己的工作和思想，这既是每个建筑师所应得的酬报，也是一个整理设计思路、增长经验的好机会。我们希望这本书对建筑师自己和读者都能有一些启发。■

项目参与人员

建设单位	北京世奥森林公园开发经营公司
设计单位	中国建筑设计研究院 拾壹建筑工作室
施工单位	中建一局四公司
项目主管院长	修龙
项目总指挥	欧阳东
项目经理	谭京京 安澎
设计主持人	徐磊 安澎 范重
方案设计	徐磊 丁利群 安澎 高庆磊 刘恒
建筑专业	高庆磊 丁利群 李磊 刘恒 朱吟 金鼎
	李燕云（审核） 熊承新（审定）
结构专业	范重 范学伟 彭翼 赵长军 杨苏 王义华
	胡纯炀（审核） 吴学敏（审定）
给排水专业	王耀堂 王则慧 周博
暖通专业	孙淑萍 金键
电气专业	王健 曹磊
总图专业	余晓东
消防顾问	李磊（建研防火所）
节能顾问	林波荣（清华大学）
声学顾问	王鹏（清华大学）
体育工艺	宋爽

国家网球馆平/立/剖面图

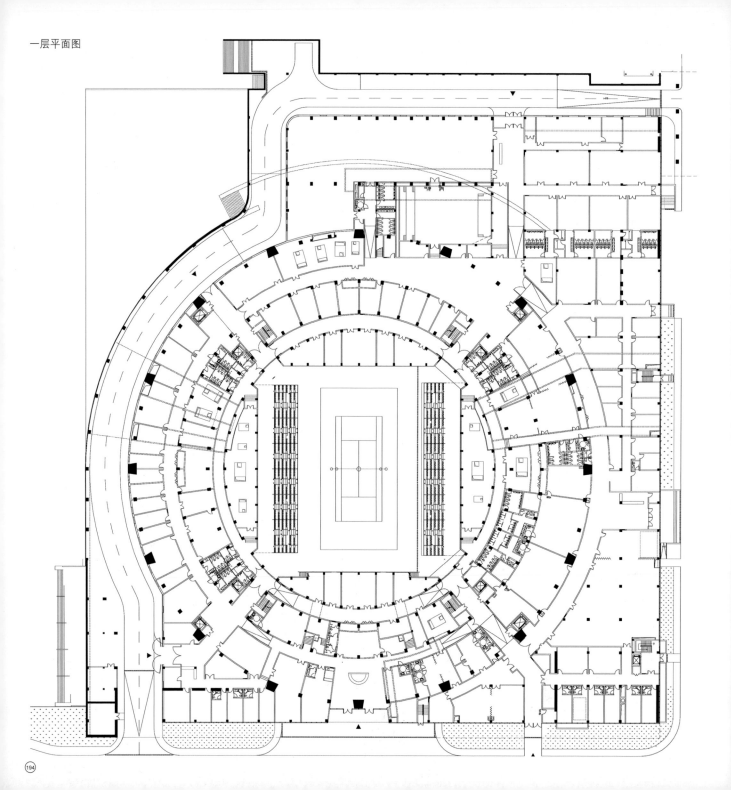

一层平面图

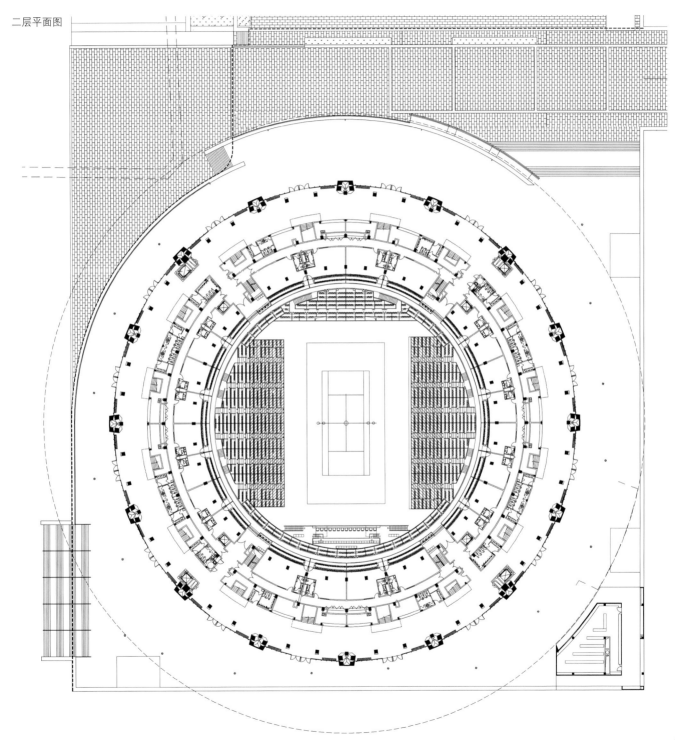

四层平面图

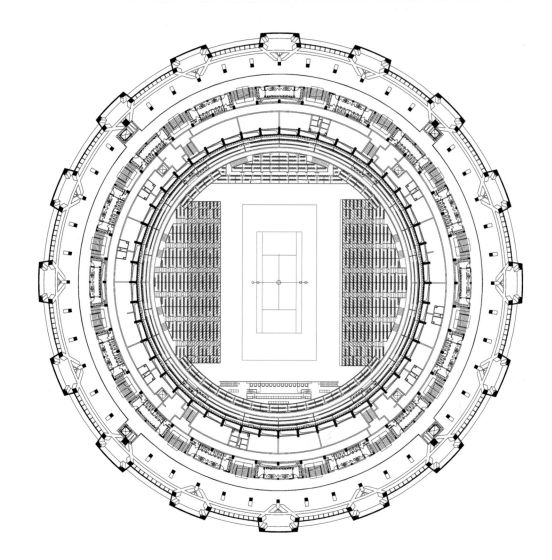

立面图

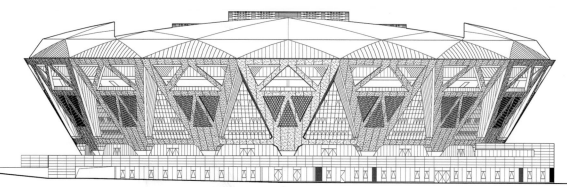

五层平面图

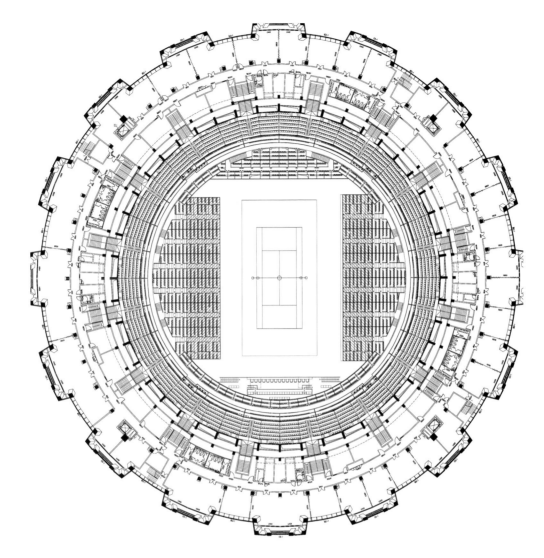

立面图

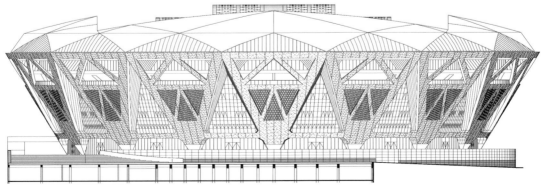

六层平面图

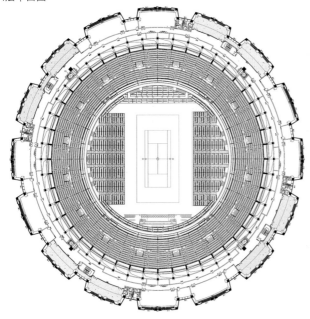

七层平面图

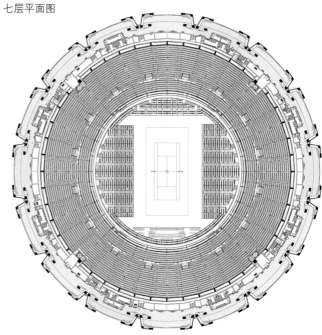

八层平面图

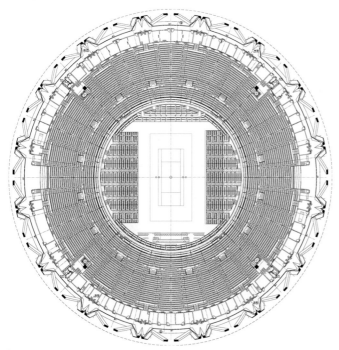

屋顶平面图

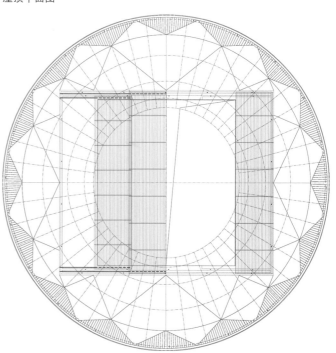

剖面图

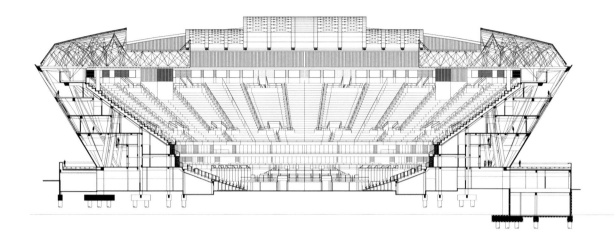

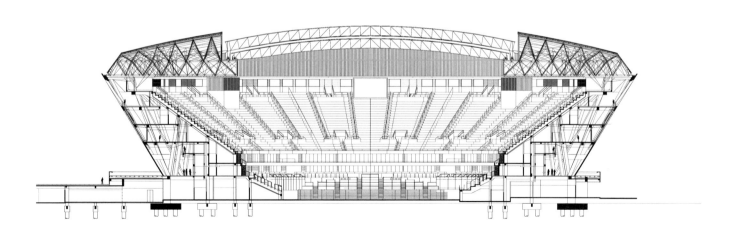

图书在版编目（CIP）数据

国家网球馆 / 中国建筑设计研究院编. — 北京 :中国建筑工业出版社, 2012.9
（中国建筑设计研究院设计与研究丛书）
ISBN 978-7-112-14616-1

Ⅰ.①国… Ⅱ.①中… Ⅲ.①网球运动—体育馆—建筑设计—中国 Ⅳ.①TU245.2

中国版本图书馆CIP数据核字(2012)第201196号

责任编辑：徐晓飞　徐　冉
责任校对：党　蕾　陈晶晶

中国建筑设计研究院设计与研究丛书
国家网球馆
中国建筑设计研究院 编
*
中国建筑工业出版社出版、发行（北京西郊百万庄）
各地新华书店、建筑书店经销
北京雅昌彩色印刷有限公司印刷
*
开本：889×1194毫米　1/20　印张：10　字数：250千字
2012年9月第一版　2012年9月第一次印刷
定价：**78.00**元
ISBN 978-7-112-14616-1
　　　　(22682)